Manfred Gaul

Bahnlöten von Blechgehäusen mit Industrierobotern

Mit 52 Abbildungen

Springer

Dr.-Ing. Manfred Gaul
Fraunhofer-Institut für Produktionstechnik und Automatisierung (IPA), Stuttgart

Prof. Dr.-Ing. Dr. h. c. Dr.-Ing. E. h. H. J. Warnecke
o. Professor an der Universität Stuttgart
Fraunhofer-Institut für Produktionstechnik und Automatisierung (IPA), Stuttgart

Prof. Dr.-Ing. habil. Dr. h. c. H.-J. Bullinger
o. Professor an der Universität Stuttgart
Fraunhofer-Institut für Arbeitswirtschaft und Organisation (IAO), Stuttgart

D 93

ISBN-13: 978-3-540-63064-7   e-ISBN-13: 978-3-642-47901-4
DOI: 10.1007/ 978-3-642-47901-4

Bahnlöten von Blechgehäusen mit Industrierobotern

Von der
Fakultät Konstruktions- und Fertigungstechnik der
Universität Stuttgart
zur Erlangung der Würde eines Doktor-Ingenieurs (Dr.-Ing.)
genehmigte Abhandlung

vorgelegt von
Dipl.-Ing. Manfred Gaul
aus Lauda-Königshofen

Hauptberichter:	Prof. Dr.-Ing. Dr. h.c. mult. H. J. Warnecke
Mitberichter:	Prof. Dipl.-Ing. A. Jung
Tag der Einreichung:	16. Oktober 1996
Tag der mündlichen Prüfung:	13. Februar 1997

Geleitwort der Herausgeber

Über den Erfolg und das Bestehen von Unternehmen in einer markt-
wirtschaftlichen Ordnung entscheidet letztendlich der Absatzmarkt.
Das bedeutet, möglichst frühzeitig absatzmarktorientierte Anforderungen sowie deren Veränderungen zu erkennen und darauf zu reagie-
ren.

Neue Technologien und Werkstoffe ermöglichen neue Produkte und er-
öffnen neue Märkte. Die neuen Produktions- und Informationstechno-
logien verwandeln signifikant und nachhaltig unsere industrielle
Arbeitswelt. Politische und gesellschaftliche Veränderungen signa-
lisieren und begleiten dabei einen Wertewandel, der auch in unse-
ren Industriebetrieben deutlichen Niederschlag findet.

Die Aufgaben des Produktionsmanagements sind vielfältiger und an-
spruchsvoller geworden. Die Integration des europäischen Marktes,
die Globalisierung vieler Industrien, die zunehmende Innovations-
geschwindigkeit, die Entwicklung zur Freizeitgesellschaft und die
übergreifenden ökologischen und sozialen Probleme, zu deren Lösung
die Wirtschaft ihren Beitrag leisten muß, erfordern von den Füh-
rungskräften erweiterte Perspektiven und Antworten, die über den
Fokus traditionellen Produktionsmanagements deutlich hinausgehen.

Neue Formen der Arbeitsorganisation im indirekten und direkten
Bereich sind heute schon feste Bestandteile innovativer Unternehmen. Die Entkopplung der Arbeitszeit von der Betriebszeit, inte-
grierte Planungsansätze sowie der Aufbau dezentraler Strukturen
sind nur einige der Konzepte, die die aktuellen Entwicklungsrich-
tungen kennzeichnen. Erfreulich ist der Trend, immer mehr den Men-
schen in den Mittelpunkt der Arbeitsgestaltung zu stellen - die
traditionell eher technokratisch akzentuierten Ansätze weichen einer stärkeren Human- und Organisationsorientierung. Qualifizie-
rungsprogramme, Training und andere Formen der Mitarbeiterent-
wicklung gewinnen als Differenzierungsmerkmal und als Zukunftsin-
vestition in *Human Recources* an strategischer Bedeutung.

Von wissenschaftlicher Seite muß dieses Bemühen durch die Entwicklung von Methoden und Vorgehensweisen zur systematischen
Analyse und Verbesserung des Systems Produktionsbetrieb ein-
schließlich der erforderlichen Dienstleistungsfunktionen unterstützt werden. Die Ingenieure sind hier gefordert, in enger Zusammenarbeit mit anderen Disziplinen, z.B. der Informatik, der Wirt-
schaftswissenschaften und der Arbeitswissenschaft, Lösungen zu er-
arbeiten, die den veränderten Randbedingungen Rechnung tragen.

Die von den Herausgebern geleiteten Institute, das

- Institut für Industrielle Fertigung und Fabrikbetrieb der
  Universität Stuttgart (IFF),

- Institut für Arbeitswissenschaft und Technologiemanagement (IAT)

- Fraunhofer-Institut für Produktionstechnik und Automatisierung
  (IPA),

- Fraunhofer-Institut für Arbeitswirtschaft und Organisation (IAO)

arbeiten in grundlegender und angewandter Forschung intensiv an
den oben aufgezeigten Entwicklungen mit. Die Ausstattung der
Labors und die Qualifikation der Mitarbeiter haben bereits in der
Vergangenheit zu Forschungsergebnissen geführt, die für die Praxis
von großem Wert waren. Zur Umsetzung gewonnener Erkenntnisse wird
die Schriftenreihe "IPA-IAO - Forschung und Praxis" herausgegeben.
Der vorliegende Band setzt diese Reihe fort. Eine Übersicht über
bisher erschienene Titel wird am Schluß dieses Buches gegeben.

Dem Verfasser sei für die geleistete Arbeit gedankt, dem Springer-
Verlag für die Aufnahme dieser Schriftenreihe in seine Angebots-
palette und der Druckerei für saubere und zügige Ausführung. Möge
das Buch von der Fachwelt gut aufgenommen werden.

                         H.J. Warnecke   H.-J. Bullinger

Vorwort

Die vorliegende Dissertation entstand während meiner Tätigkeit am Fraunhofer-Institut für Produktionstechnik und Automatisierung (IPA) in Stuttgart, unter der Betreuung von Prof. Dr.-Ing. Dr. h.c. mult. H. J. Warnecke, Präsident der Fraunhofer Gesellschaft. Ihm gebührt mein Dank für das innovationsfördernde und kreativitätsfreundliche Umfeld, das er am Institut gewährleistet hat und das die Erstellung einer solchen Dissertation erst ermöglicht. Darüberhinaus hat er mir damit einen weitgefassten Einblick in die industrielle Praxis und die Sammlung umfangreicher Erfahrungen mit wissenschaftlichen und ingenieurtechnischen Arbeitsweisen ermöglicht.

Bei Herrn Prof. Dipl.-Ing. A. Jung möchte ich mich nicht nur für die Übernahme des Mitberichtes bedanken, sondern auch für die persönliche, konstruktive und unkomplizierte Besprechung meiner Arbeit und die wichtigen und nützlichen Hinweise, die ich von Ihm erhalten habe.

Desweiteren gilt mein Dank all denen, die mich in meiner Arbeit und privat unterstützt und in meinen Bestrebungen gefördert haben. Hierbei möchte ich besonders Dr.-Ing. M. Schweizer, Dipl.-Ing. J. C. Spingler und meine Lebenspartnerin Andrea Baumann hervorheben, ohne deren Ansporn und Unterstützung diese Arbeit wohl nicht gelungen wäre. Aber auch der großen Anzahl von Hilfskräften, Praktikanten, Diplom- und Studienarbeitern bin ich zu Dank verpflichtet, da ich mir mit ihrer Hilfe immer wieder die notwendigen Freiräume in meiner täglichen Projektarbeit schaffen konnte, die zur Erstellung einer solchen Arbeit notwendig sind.

Nicht zuletzt möchte ich mich bei all meinen Kollegen für die gute und fruchtbare Zusammenarbeit in vielen Projekten bedanken. Aber auch die gemeinsamen Diskussionen, Unternehmungen und Erlebnisse über die tägliche Arbeit hinaus waren mir sehr wichtig. Gleichzeitig möchte ich die Gelegenheit nutzen, all diejenigen zu ermuntern, die sich zum Ziel gesetzt haben eine Dissertation zu verfassen. Es ist eine Menge Arbeit, eine große Energieleistung allemal und es bedeutet so manches Opfer aber es ist zu schaffen. Auf geht's, viel Erfolg.

Stuttgart, März 1997   Manfred Gaul

Inhaltsverzeichnis:

Seite

0	**Abkürzungen und Formelzeichen**	12
1	**Einleitung**	18
1.1	Aufgabenstellung	18
1.2	Zielsetzung und Vorgehensweise	19
2	**Ausgangssituation**	21
2.1	Abgrenzung des Verfahrens	21
2.2	Definitionen und Begriffe	22
2.2.1	Prozeß- und verfahrensbezogene Begriffe	22
2.2.2	Geometrisch bestimmte Größen und Begriffe	24
2.3	Stand der Technik	26
2.3.1	Automatisierte Lötverfahren	26
2.3 2	Wissenschaftliche Untersuchungen	29
2.3 3	Aufzeigen von Entwicklungsdefiziten	30
3	**Analyse der Lötaufgabe**	31
3.1	Analyse der Hochfrequenz-Blechgehäuse	31
3.2	Analyse der Lötnaht	36
3.2.1	Anforderungen an die Lötnaht, Qualitätsmerkmale	36
3.2.2	Geometrie der Lötnaht und Wärmebedarfsabschätzung	37
3.2.3	Abschätzung des Lot- und Flußmittelbedarfes	38
3.3	Analyse des Lötprozesses	38
3.3.1	Einflußparameter des Bahnlötprozesses	38
3.3.2	Teilprozesse des Lötprozesses	39
3.3.3	Schwerkrafteinfluß auf den Lötprozeß	41
4	**Folgerungen aus der Analyse und Ableitung der Anforderungen an Systeme zum automatisierten Bahnlöten von Hochfrequenz-Blechgehäusen**	42
4 1	Abgrenzung des Lötsystems und Zuordnung der Teilfunktionen zu Funktionseinheiten	43

4.2	Anforderungen an ein flexibles Gesamtsystem zum Bahn-löten von Hochfrequenz-Blechgehäusen	44
4.3	Anforderungen an das Lötverfahren und die Teilsysteme	44
4.3.1	Anforderungen an Lötverfahren und Lötwerkzeug	45
4.3.2	Anforderungen an die Bereitstellung der Hilfsstoffe	46
4.3.3	Anforderungen an die Werkstückaufspannung	46
4.3.4	Anforderungen an das Handhabungssystem	47
4 4	Ableitung von Forschungs- und Entwicklungsschwerpunkten	47
5	**Konzeption des Bahnlötverfahrens und der Teil-systeme für das Lötsystem**	**48**
5.1	Konzeption des Bahnlötverfahrens	48
5.1.1	Teilsystem zur Energiezuführung in die Lötnaht	48
5.1.1.1	Vorversuche zur Auswahl einer Energiequelle	50
5.1.1.2	Auswahl der geeigneten Energiequelle	52
5.1.2	Zuführung von Lot und Flußmittel in die Lötnaht	53
5.1.3	Anordnungssystem für Brennerdüse und Lötdrahtzuführung	56
5.2	Konzeption der Hilfsstoffbereitstellung	58
5.3	Konzeption des Bewegungssystems	59
5.3.1	Bahnführung des Lötwerkzeugs	61
5.3.2	Aufspannvorrichtung für die Werkstücke	61
6	**Bestimmung der Hauptverfahrensparameter**	**63**
6.1	Die Wärmeleistung der Mikroflamme	63
6 2	Ermittlung der Vorschubgeschwindigkeit zum Bahnlöten	65
6.2.1	Energiebilanz am ruhenden Volumenelement	66
6.2.2	Wärmestrom zur Temperaturerhöhung des Werkstück-volumens auf Löttemperatur	68
6.2.3	Wärmestrom zur Temperaturerhöhung des Lotvolumens auf Löttemperatur	69
6.2.4	Verlust-Wärmeströme	70
6.2.4.1	Übertragungsverlust-Wärmestrom	70
6.2.4.2	Abführungsverlust-Wärmestrom	71
6.2.4.3	Ableitungsverlust-Wärmestrom	71

6.2.5	Aufstellung der Gleichung zur Ermittlung der Vorschubge-schwindigkeit zum Bahnlöten	73
6.2.6	Numerische Lösung der Gleichung für die Vorschubge-schwindigkeit zum Bahnlöten	74
6.3	Bestimmung der Lotzuführgeschwindigkeit	76

7	**Aufbau der Versuchsanlage zur Durchführung von Versuchsreihen zum Bahnlöten von Gehäuseblechen**	**78**
7.1	Gesamtaufbau der Versuchsanlage	78
7.2	Werkzeuge und Komponenten der Versuchsanlage	79
7 2.1	Das Mikroflamm-Lötwerkzeug	79
7.2.1.1	Versuchsanordnung und Verstellbereiche von Brenner-düse und Lotzuführung	81
7.2.1.2	Realisiertes Versuchs-Mikroflamm-Lötwerkzeug	83
7.2.2	Bereitstellungseinheit für die Hilfsstoffe	84
7 2.3	Die Aufspannvorrichtung für Versuchsbleche	86
7.2.4	Das Handhabungssystem	87

8	**Experimentelle Untersuchung des Lötverfahrens**	**88**
8 1	Erwärmungsverhalten und Wärmeübertragung	88
8.1.1	Experimentelle Aufnahme der Temperaturverteilung im Blech	88
8.1 2	Die Lötnaht-Maximaltemperatur in Abhängigkeit von den Einflußparametern auf die Übertragungsleistung	90
8 1.3	Wirkungsgrad der Mikroflamme	95
8 2	Lötversuche zum Bahnlöten an Gehäuseblechen	95
8.2.1	Anordnung, Systematik und Bewertung der Versuchsreihen	95
8.2.2	Einfluß der Leistungsparameter auf das Lötergebnis	98
8.2.3	Einfluß der Anstellwinkel von Flamme und Lötdrahtzuführung	99
8 2.4	Einfluß der Lötnahtlage auf das Lötergebnis	102
8.3	Folgerungen aus den Versuchen	102

| **9** | **Zusammenfassung und Ausblick** | **104** |

| **10** | **Literaturverzeichnis** | **106** |

0   Abkürzungen und Formelzeichen

Lateinische Großbuchstaben

A	mm^2	Fläche
A_E	mm^2	Eintritsquerschnitt am Kontrollvolumenelement
$A_{E,L}$	mm^2	Eintritsquerschnitt des Lötdrahtes am Kontrollvolumenelement
$A_{E,W}$	mm^2	Eintritsquerschnitt des Werkstückes am Kontrollvolumenelement
$A_{K,O}$	mm^2	Oberfläche des Kontrollvolumenelementes
A_{TW}	mm^2	Begrenzungsflächen der Trennwände am Kontrollvolumenelement
AF	-	Arbeitspunkt der Flamme
AL	-	Arbeitspunkt der Lotzuführung
AR	-	Arbeitsrichtung
Bez.	-	Bezeichnung
C_p	kJ/(kg K)	spezifische Wärmekapazität
$C_{p,W}$	kJ/(kg K)	spezifische Wärmekapazität des Werkstückes
C_R	-	Industrieroboter-C-Achse (Handachse)
CW	-	Continuous Wave
D_R	-	Industrieroboter-D-Achse (Handachse)
EZ	-	Erwärmungszentrum
Gl.	-	Gleichung
HF	-	Hochfrequenz
Hk	-	Hohlkehle der Naht
M_{LN}	-	Mittellinie der Lötnaht
M_{LS}	-	Mittellinie des Lötspaltes
M_{Wz}	-	Mittellinie der Nahtwurzel
Nd:YAG	-	Neodym-dotierter-Yttrium-Aluminium-Granatfestkörper
O_{LN}	-	Oberfläche der Lötnaht
Pr	-	Prandtl-Zahl
Q	J	Wärmemenge
$\dot{Q}$	J/s	Wärmestrom
$\dot{Q}_{Abl}$	J/s	In das Werkstück abgeleiteter Wärmestrom

$\dot{Q}_{Ab,O}$	J/s	An der Werkstückoberfläche abgeführter Wärmestrom
$\dot{Q}_F$	J/s	Leistung der Mikroflamme
$\dot{Q}_{GV}$	J/s	Gesamtverlust-Wärmestrom am Kontrollvolumenelement
$\dot{Q}_{H,W}$	J/s	Wärmestrom zur Heizung der Werkstückmasse
$\dot{Q}_{H,L}$	J/s	Wärmestrom zur Heizung der Lotmasse
$\dot{Q}_U$	J/s	Übertragener Wärmestrom
$Q_{V,A}$	J/s	Volumenbezogene spezifische Wärme bei Arbeitsbedingungen
$Q_{V,N}$	J/s	Volumenbezogene spezifische Wärme bei Normbedingungen
$\dot{Q}_{VU}$	J/s	Übertragungsverlustwärmestrom
$\dot{Q}_{zu}$	J/s	Zugeführter Wärmestrom
R	J/kg K	Allgemeine Gaskonstante
Re	-	Reynolds-Zahl
SCARA	-	Selective Compliance Assembly Robot Arm
St	-	Stahl
Sz	-	Stanton-Zahl
T	°C	Temperatur
T_A	°K	Temperatur bei Arbeitsbedingungen
T_E	°K	Massentemperatur bei Eintritt in das Kontrollvolumenelement
T_{Lo}	°K	Massentemperatur bei Austritt aus dem Kontrollvolumenelement / Löttemperatur
T_N	°K	Temperatur bei Normbedingungen
T_R	°C	Raumtemperatur
T_U	°K	Umgebungstemperatur
T_x	°K	Temperatur im Abstand x vom Erwärmungszentrum in Vorschubrichtung der Energiequelle
T_{-x}	°K	Temperatur im Abstand x vom Erwärmungszentrum entgegen der Vorschubrichtung der Energiequelle
T_{y1}	°K	Temperatur im Abstand y1 vom Erwärmungszentrum senkrecht zur Vorschubrichtung der Energiequelle

TW	-	Angenommene Trennwände zwischen den Seiten des Kontrollvolumenelementes und der Werkstückkumgebung
V	cm^3	Volumen
V_{spez}	cm^3/g	Spezifisches Volumen
$Vb_{F,theo}$	g/h od. cm^3/h	Theoretischer Flußmittelverbrauch
$Vb_{L,theo}$	g/h od. cm^3/h	Theoretischer Lotverbrauch
$\dot{V}_A$	cm^3/s	Gasvolumenstrom bei Arbeitsbedingungen
Wz	-	Wurzel der Naht
X_R	-	Industrieroboter-X-Achse
Y_R	-	Industrieroboter-Y-Achse
Y'_B	-	Parallele zur X-Y-Ebene des Bezugssystems
Z_R	-	Industrieroboter-Z-Achse

Lateinische Kleinbuchstaben

a_F	mm	Abstand der Flammdüse zur Blechoberfläche
b	mm	Breite
b_K	mm	Breite des Kontrollvolumenelementes
b_{LF}	mm	Breite der Lötfuge
b_{LS}	mm	Breite des Lötspaltes
d	mm	Dicke
d_B	mm	Dicke des Kontrollvolumenelementes (Blechdicke)
d_{TW}	mm	Dicke der Trennwände am Kontrollvolumenelement
d_W	mm	Dicke des Werkstückes (Blechdicke)
h	mm	Höhe
h_K	mm	Höhe des Kubus
h_Z	mm	Höhe des Zylinders
l	mm	Länge
l_{LN}	mm	Länge der Lötnaht
l_{LS}	mm	Länge des Lötspaltes
m	kg	Masse
$m_{L,L}$	g/m	Lötdrahtspezifische Lotmasse (Lotmasse pro Lötdrahtlänge)
$m_{L,LN}$	g/m	Lötnahtspezifische Lotmasse (Lotmasse pro Lötnahtlänge)

$\dot{m}_{L,L}$	g/s	Lötdraht-Massenstrom durch das Kontrollvolumenelement
$\dot{m}_{L,LN}$	g/s	Lötnaht-Massenstrom durch das Kontrollvolumenelement
$\dot{m}_W$	g/s	Werkstück-Massenstrom durch das Kontrollvolumenelement
p	bar	Druck
p_A	bar	Druck bei Arbeitsbedingungen
p_N	bar	Druck bei Normbedingungen
$q_{Sch,L}$	kJ/kg	Schmelzwärme des Lotes
r	mm	Abstand zum Erwärmungszentrum
r_{Lo}	mm	Abstand vom Erwärmungszentrum zu den Trennwänden des Kontrollvolumenelementes
r_y	mm	Abstand y zum Erwärmungszentrum
t	s	Zeit
t_H	s	Heizdauer, Erwärmungsdauer
v	mm/s	Geschwindigkeit
v_F	mm/s	Vorschubgeschwindigkeit der Mikroflamme
v_L	mm/s	Vorschubgeschwindigkeit des Lötdrahtes
x_{AP}	mm	Abstand der Arbeitspunkte von Flamme und Lötdrahtzuführung
$y_{AL(AF)}$	mm	Arbeitspunktabstand der Lötdrahtzuführung bzw. der Flammendüse zur Nahtwurzel
z	mm	Brennerdüsenabstand zur Blechoberfläche
$z_{AF(AL)}$	mm	Arbeitspunktabstand der Flammendüse bzw. der Lötdrahtzuführung zur Nahtwurzel

Griechische Buchstaben

α	W/(m^2 K)	Wärmeübergangskoeffizient
α_a	°	allgem. Anstellwinkel der Wärmezuführung
α_K	-	Wärmeübergangskoeffizient für Konvektion
α_S	-	Wärmeübergangskoeffizient für Strahlung
β_F	°	Anstellwinkel der Flamme zum Werkstück in Arbeitsrichtung
β_L	°	Anstellwinkel der Lötdrahtzuführung zum Werkstück in Arbeitsrichtung

γ	°	Anstellwinkel zum Werkstück senkrecht zur Arbeitsrichtung
γ_F	°	Anstellwinkel der Flamme zum Werkstück, senkrecht zur Arbeitsrichtung
γ_L	°	Anstellwinkel der Lötdrahtzuführung zum Werkstück in Arbeitsrichtung
Δ	-	Differenzwert
η	-	Wirkungsgrad
φ	°	Anstellwinkel in Arbeitsrichtung
φ_F	°	Anstellwinkel der Flamme in Arbeitsrichtung im Bezugssystem.
φ_L	°	Anstellwinkel der Lötdrahtzuführung in Arbeitsrichtung im Bezugssystem
φ_{F-L}	°	Winkel zwischen Flamme und Lötdrahtzuführung in Arbeitsrichtung.
λ	W/(m K)	Wärmeleitfähigkeit
ν_B	°	Nahtneigungswinkel im Bezugsystem
ρ	g/cm³	Dichte
ρ_W	g/cm³	Dichte des Werkstückes
ρ_B	°	Nahtdrehwinkel
ρ'_B	°	Nahtdrehwinkel im Bezugssystem minus 45°
ε_B	°	Nahtebenenwinkel
σ_B	°	Spaltdrehwinkel
ω	°	Anstellwinkel senkrecht zur Arbeitsrichtung
ω_F	°	Anstellwinkel der Flamme senkrecht zur Arbeitsrichtung im Bezugssystem
ω_L	°	Anstellwinkel der Lötdrahtzuführung senkrecht zur Arbeitsrichtung im Bezugssystem
ω_{F-L}	°	Winkel zwischen Flamme und Lötdrahtzuführung senkrecht zur Arbeitsrichtung
ψ_1	J/cm³	Leistungskonstante der Mikroflamme

Häufig verwendete Indizes und Sonstige

Abl	Ableitung
Ab	Abführung
B	Bezugssystem

E	Eintritt
F	Flamme / Flammendüse
Fl	Flußmittel
H	Temperaturerhöhung, Heizung
K	Kontrollvolumen
L	Lot / Lotzuführung
Lö	Lötstelle (bezogen auf das Kontrollvolumen)
O	Oberfläche
TW	Trennwand
Ü	Übertragung
VÜ	Übertragungsverlust
W	Werkstück / Blech
max	Maximalwert
min	Minimalwert
theo	theoretischer Wert
zu	zugeführt

1 Einleitung

1.1 Aufgabenstellung

Der Wandel des Konsumverhaltens in den zurückliegenden Jahren ergab eine Änderung der Randbedingungen für die produzierenden Betriebe. Hierbei stehen vor allem Forderungen der Verbraucher nach steigender Produktvielfalt, höherer Qualität und immer kürzeren Produktlebenszyklen und Lieferzeiten im Vordergrund. Um diesen Anforderungen gerecht zu werden haben die Unternehmen in den vergangenen Jahren die flexible Automatisierung industrieller Fertigungsverfahren verstärkt vorangetrieben.

Obwohl in vielen Bereichen bereits ein hoher Standard und Durchdringungsgrad erreicht wurde gibt es im Bereich der Montage noch immer beträchtliche Rationalisierungspotentiale. Dies liegt vor allem an der immer noch zunehmenden Variantenvielfalt, der Produktkomplexität und der dadurch bedingten prozeßtechnischen Komplexität der Montagevorgänge und der zugehörigen Verbindungstechniken. /1...6/

Angesichts dieser Problematik wurden in den letzten Jahren viele Systeme, Werkzeuge und Verfahren zum flexibel automatisierten Einsatz verschiedener Verbindungstechniken in Zusammenhang mit dem Einsatz von Industrierobotern entwickelt /8...12/.

Für das Löten, als weiterer Verbindungstechnik, konzentrierten sich die Untersuchungen und Entwicklungen zur flexiblen Automatisierung bisher auf das punktweise Verlöten von elektronischen Bauelementen auf Leiterplatten im Weichlötverfahren /13, 14, 15/.

Das kontinuierliche Verlöten von Blechteilen, zum Beispiel für die Herstellung von Abschirmgehäusen für die Hochfrequenztechnik (Sende- und Empfangsanlagen für Rundfunk und Fernsehen), ist ein weiteres Einsatzfeld der Weichlöttechnik, das vor allem durch das 1996 inkraft tretende europaweit gültige Gesetz über die elektromagnetische Verträglichkeit von Geräten (EMVG) /7/ in den Vordergrund rückt. Hierbei besteht die Hauptanforderung darin, Bleche hochfrequenzdicht, d.h. für den Frequenzbereich oberhalb 30 MHz mit lückenlosen Lötnähten, zu Gehäusen bzw. Gehäuseteilen zu verbinden.

Die bisher praktizierte manuelle Herstellung dieser Verbindungen mit Lötkolben und Lotdraht bringt neben Qualitätsproblemen auch eine erhebliche gesundheitliche Belastung der Werker durch den entstehenden Lötrauch mit sich /16/.

Durch die Automatisierung dieses Lötvorganges können einerseits erhebliche Rationalisierungspotentiale erschlossen und andererseits die Produktqualität und Arbeitsbedingungen verbessert werden. Die große Vielfalt unterschiedlicher Gehäusebauformen und Gehäusegrößen, Art, Dicke und Beschichtung der eingesetzten Blechwerkstoffe sowie die vorherrschenden kleinen Losgrößen und Stückzahlen, machen jedoch ein hohes Maß an Flexibilität bei der Automatisierung erforderlich.

Die Erfahrungen beim Punktlöten von elektronischen Bauelementen haben gezeigt, daß eine erfolgreiche Automatisierung von Weichlötprozessen nicht nur von der richtigen Wahl des Verfahrens sondern auch in starkem Maße von der richtigen Einstellung der vielen Verfahrensparameter für die jeweilige Aufgabenstellung abhängt. Bisher liegen jedoch weder ausreichende Erfahrungswerte noch wissenschaftliche Untersuchungen für das kontinuierliche Verlöten von Blechwerkstoffen im Weichlötverfahren vor. Die zum Einsatz in flexibel automatisierten Lötanlagen zur Verfügung stehenden Lötwerkzeuge wurden für Punktlötungen konzipiert und können somit nicht die Anforderungen der speziellen Aufgabenstellung erfüllen.

1.2   Zielsetzung und Vorgehensweise

Dieser Arbeit liegt die Zielsetzung zugrunde ein Verfahren und die notwendigen Werkzeuge und Vorrichtungen zum automatisierten kontinuierlichen Verlöten von Blechen zu entwickeln, die einen flexiblen Einsatz beim Verlöten von Blechgehäusen für die Hochfrequenztechnik ermöglichen. Das entwickelte Verfahren soll den Kern eines Gesamtanlagenkonzeptes zur automatisierten Fertigung von verlöteten Blech-Abschirmgehäusen bilden.

Mit Hilfe von theoretischen Betrachtungen und praktischen Versuchsreihen sollen die notwendigen wissenschaftlichen Grundlagen und Erkenntnissen zu diesem Verfahren erarbeitet werden.

Die entwickelten Werkzeuge und Vorrichtungen sollen realisiert und in eine Versuchsanlage integriert werden. Damit kann die praxisgerechte Anwendbarkeit des entwickelten Verfahrens nachgewiesen werden. Weitere grundlegende Erkenntnisse über die Einflußparameter des Verfahrens sind aus den experimentellen Untersuchungen zu erwarten.

Nach Abgrenzung des Verfahrens und Klärung grundlegender Begriffe wird zunächst eine Betrachtung des Standes der Technik bei der Automatisierung von Lötprozessen durchgeführt und es werden vorhandene Entwicklungsdefizite aufgezeigt.

Zunächst wird die Lötaufgabe einer genauen Analyse unterzogen. Dabei wird sowohl das Werkstückspektrum als auch der Lötvorgang selbst untersucht und bestehende Automatisierungshemmnisse aufgezeigt. Daraus werden die Anforderungen an eine Gesamtanlage zum Verlöten von Blechen zu Abschirmgehäusen sowie an die zu entwickelnden Teilsysteme abgeleitet.

Entsprechend den Anforderungen wird ein Gesamtanlagenkonzept zum Verlöten von Blechen zu Abschirmgehäusen entwickelt.

Als Kern des Gesamtanlagenkonzeptes und gleichzeitiger Entwicklungsschwerpunkt wird im Anschluß daran das Lötverfahren entwickelt. Nach der Vorauswahl der Energiequelle werden mit Hilfe theoretischer Betrachtungen die Größenordnungen der Haupteinflußparameter Wärmeübertragungsleistung und Verfahrgeschwindigkeit für den kontinuierlichen Lötprozesses ermittelt. Notwendige Funktionseinheiten für die Gestaltung des Lötprozesses werden konzipiert bzw. ausgewählt und zu einem Lotwerkzeug kombiniert.

Unter Maßgabe der Anforderungen werden weitere Komponenten für die Gestaltung einer Gesamtanlage zur Durchführung von Lötversuchen, wie das Handhabungssystem, die Werkstückaufspannung und die Lotbereitstellung, konzipiert bzw. ausgewählt und zusammen mit dem Lötwerkzeug zu einer Gesamtanlage aufgebaut.

Mit Hilfe dieser Versuchsanlage werden die angestellten theoretischen Betrachtungen verifiziert und die Einflüsse weiterer prozeßbeeinflussender Parameter wie zum Beispiel die Anstellwinkel der Energiequelle und der Lotzuführung oder die Arbeitsabstände zum Werkstück untersucht, um die optimalen Parametereinstellungen zu ermitteln.

2 Ausgangssituation

2.1 Abgrenzung des Verfahrens

Löten ist ein thermischer Prozeß zum stoffschlüssigen Fügen und Beschichten von Werkstoffen, wobei durch Aufschmelzen eines Zusatzwerkstoffes, des Lotes, eine flüssige Phase erzeugt wird, die durch Diffusion in die Grenzflächen der Grundwerkstoffe eindringt. Dadurch ergibt sich nach der Abkühlung und Wiedererstarrung des Lotes eine mechanisch feste Verbindung. Die Solidustemperatur der Grundwerkstoffe wird dabei, im Gegensatz zum Schweißen, nicht erreicht /17/. Das Lötverfahren stellt die Vorgehensweise dar, die zum Ablauf des Lötprozeßes führt und ist gekennzeichnet durch die technischen Funktionseinheiten und die Randbedingungen die auf den Ablauf des Prozesses Einfluß nehmen. Innerhalb der Fertigungsverfahren ist das Löten in den Bereichen Fügen und Beschichten aufgeführt /18/ (<u>Bild 2.1</u>).

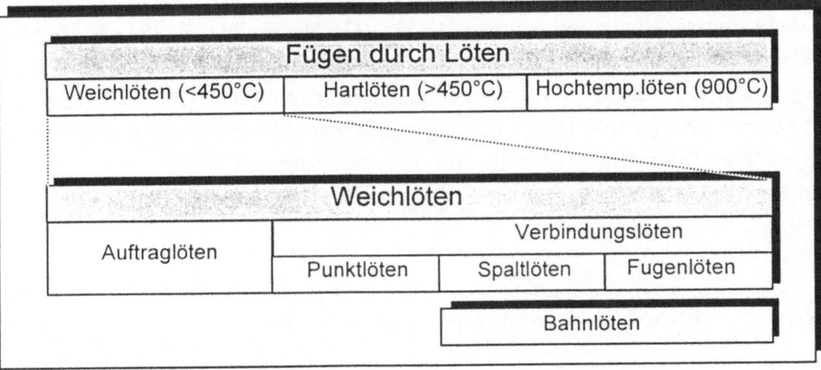

<u>Bild 2 1:</u>   Verfahrensabgrenzung zur Herstellung von Lötnähten an Blech- Abschirmgehäusen

Aufgrund der funktionstechnischen Anforderungen kommen beim Verlöten von Abschirmgehäusen Weichlötverfahren zum Einsatz. Dichtende und elektrisch leitende Eigenschaften stehen dabei im Vordergrund. Ein weiterer Vorteil dieser Verfahren sind die vergleichsweise niedrigen Prozeßtemperaturen, die einen niedrigen Energieverbrauch gewährleisten.

Weitergehende Definitionen des Lötverfahrens können anhand der verfahrensbestimmenden Kriterien, wie zum Beispiel die Lotzuführung, die Oxidbeseitigung, die Art der Fertigung und die Art der Lötstelle, vorgenommen werden /20, 21/. Der zunächst bekannte Parameter ist die Art der Lötstelle, die durch die Aufgabenstellung vorgegeben ist und mit den Begriffen Spalt- oder Fugenlöten bezeichnet wird. Verfahren mit dieser begrifflichen Bezeichnung sind bisher nur im Bereich Hartlöten bekannt und für den Bereich Weichlöten nicht definiert /17/. Die lineare Ausdehnung der Lötstellen kann auch als Bahn beschrieben werden, die zur kontinuierlichen Herstellung abgefahren werden muß. Somit wird, analog zu dem beim Schweißen verwendeten Begriff "Bahnschweißen", hier der Begriff "Bahnlöten" abgeleitet.

2.2   Definitionen und Begriffe

In einer ganzen Reihe von Normen /17, 22, 23, 24, 25, 26, 27, 28/ und Richtlinien /19/ sind umfangreiche Begriffsdefinitionen festgelegt die auch dieser Arbeit zugrunde gelegt sind. Im folgenden sollen deshalb nur kurz die wichtigsten allgemeinen und die speziell mit dieser Aufgabenstellung in Zusammenhang stehende Begriffe erläutert werden. Die mit dem Einsatz von Industrierobotern in Zusammenhang stehenden Begriffe werden in Anlehnung an /29/ und /30/ verwendet.

2.2.1   Prozeß- und verfahrensbezogene Begriffe

Prozeßbestimmende Größen sind in erster Linie die beteiligten Stoffe. Hier ist vor allem das **Lot** zu nennen. Es kann sowohl ein reines Metall als auch eine metallische Legierung sein, die in Abhängigkeit von den zu verbindenden Grundwerkstoffen und den zu erfüllenden Anforderungen an die Verbindung ausgewählt wird. Es wird in Form von Drähten, Stäben, Blechen, Bändern, Stangen, Pulvern, Pasten oder Formteilen geliefert /23/.

Auch das **Flußmittel**, ein nichtmetallischer Stoff, dessen Aufgabe es ist, vorhandene Oxide von der Lötfläche zu beseitigen und ihre Neubildung während des Lötprozesses zu verhindern, ist maßgeblich am Prozeßablauf beteiligt.

Nur auf einer oxidfreien Oberfläche kommt es zu einer guten **Benetzung**, die das irreversible Ausbreiten eines geschmolzenen Lotes auf der Werkstückoberfläche und somit die Verbindung zwischen Lot und Werkstück charakterisiert.

Der Begriff **Lötnaht** kennzeichnet eine Lötstelle mit linearer Ausdehnung. Bei der kontinuierlich fortschreitenden Erzeugung einer Lötnaht wird der Ort an dem die Benetzung durch das Lot momentan stattfindet hier als **Lötstelle** bezeichnet. Eine **Einzelnaht** ist eine Naht, die vom Nahtanfang bis Nahtende bei stetigem Verlauf in Bezug auf Lage und Richtung ohne abzusetzen gelötet werden kann.

Die an einem Gehäuse verlaufenden Lötnähte können in sogenannte **Innennähte**, die sich im Innenraum befinden und sogenannte **Außennähte**, auf der Außenseite des Gehäuses, unterschieden werden.

Desweiteren wird der Ablauf des Lötprozesses durch den zeitlichen Verlauf der Temperatur an der Lötstelle bestimmt. Die wichtigsten Begriffe dieses Zusammenhanges sind in Bild 2.2 zusammengestellt.

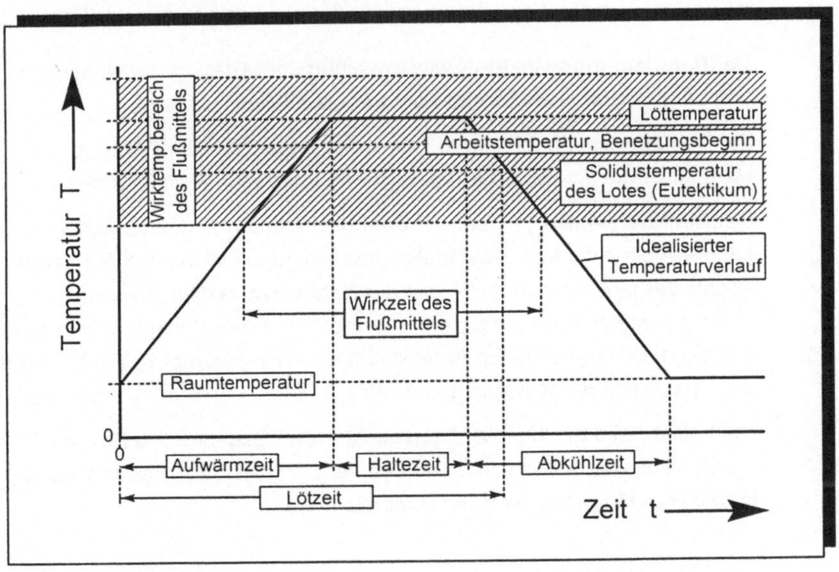

Bild 2.2:   Benennung charakteristischer Zeit- und Temperaturverläufe des Lötprozesses

2.2.2 Geometrisch bestimmte Größen und Begriffe

Die geometrischen Verhältnisse, die den Lötvorgang bestimmen, betreffen die Werkstücke, das verwendete Lötwerkzeug und die Relation zwischen diesen Komponenten. Zunächst werden diejenigen Größen und Begriffe geklärt, die mit den Werkstücken zusammenhängen. Weitere Definitionen können erst im Verlauf der Arbeit, nach Festlegung des Lötverfahrens geklärt werden.

Die Anordnung der zu verbindenden Werkstücke zueinander ist durch die Geometrie der herzustellenden Abschirmgehäuse vorgegeben. Die wesentlichen Begriffe zur Definition von Geometrie und Orientierung der Lötnaht sind in <u>Bild 2 3</u> zusammengestellt.

Die räumliche Lage und die Richtung der Lötnaht wird nach /24/ durch den Nahtdrehwinkel ρ und den Nahtneigungswinkel ν definiert. Um Lage und Richtung einer Lötnaht im Bezugssystem, z.B. dem kartesischen Koordinatensystem eines Industrieroboters, eindeutig angeben zu können, werden zusätzlich zu den in /24/ festgelegten Definitionen, folgende Vereinbarungen für das Bezugssystem getroffen:

- ❑ Der **Nahtneigungswinkel** ν_B wird zwischen der Mittellinie der Nahtwurzel und der X-Y-Ebene im Bereich von -90° bis +90°gemessen.

- ❑ Ein **Nahtebenenwinkel** ε_B wird definiert und zwischen der Projektion der Naht-Mittellinie auf die X-Y-Ebene und der positiven X-Achse gemessen.

- ❑ Der **Nahtdrehwinkel** ρ_B bzw. der **Spaltdrehwinkel** σ_B wird zwischen der Mittellinie der Naht bzw. des Spaltes und einer parallelen zur X-Y-Bezugsebene, die senkrecht zur Mittellinie der Nahtwurzel verläuft, in der Ebene des betrachteten Nahtquerschnittes gemessen. Diese Winkel werden stets entgegen der angegebenen Arbeitsrichtung betrachtet (bei ν_B = 90° wird zu einer parallelen der X-Achse gemessen).

- ❑ Die Lötnaht wird mit ihrem Anfangspunkt in den Ursprung des Bezugs-Koordinatensystems verschoben betrachtet, so daß die **Arbeitsrichtung** immer **vom Ursprung weggerichtet** ist.

Durch die Angabe des Nahtneigungswinkels ν_B zwischen -90° und +90°, des Nahtebenenwinkels ε_B zwischen 0° und 360° und des Nahtdrehwinkels sowie des Spaltdrehwinkels zwischen 0° und 360°, ist die Lage und der Verlauf der Lötnaht im Bezugssystem eindeutig zu bestimmen. Alle Winkel werden im mathematisch positiven Sinn gemessen. Durch die zusätzliche Angabe der Koordinaten des Naht-Anfangspunktes ist auch die Position der Naht im Bezugssystem bestimmbar.

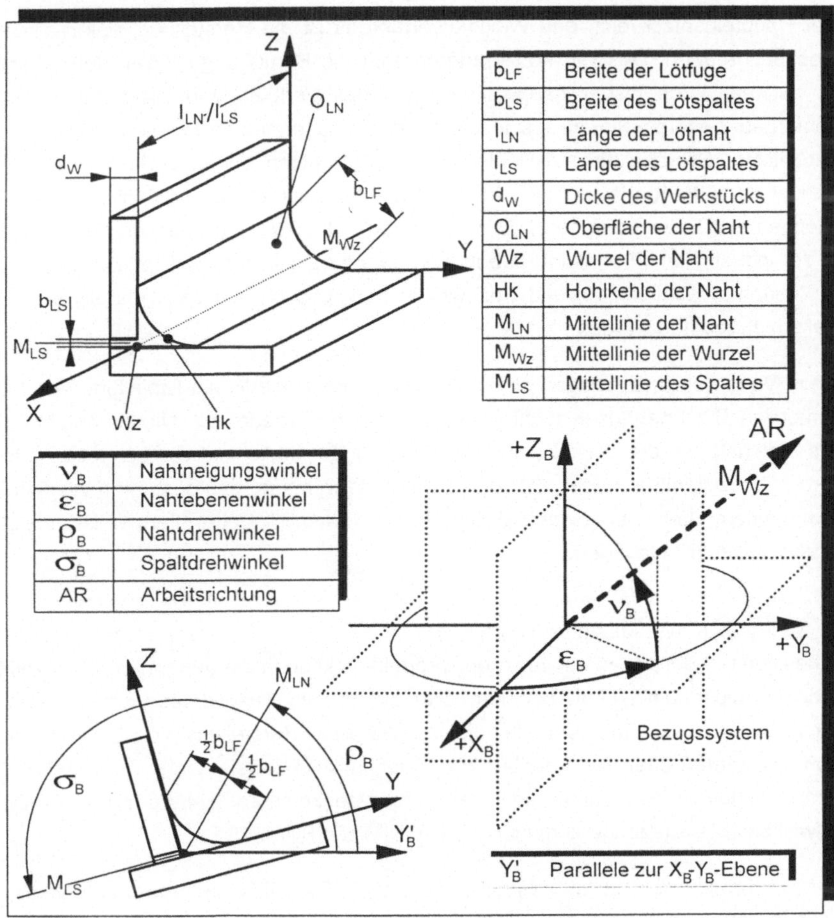

Bild 2 3   Durch das Werkstück bestimmte Größen und Begriffe

2.3 Stand der Technik

2.3.1 Automatisierte Lötverfahren

❏ Weichlöten von Elektronik-Komponenten

Der Haupteinsatzbereich des Weichlötverfahrens ist die Herstellung elektronischer Flachbaugruppen. Deshalb konzentrieren sich die Bemühungen Weichlötprozesse zu automatisieren bisher hauptsächlich auf das Verlöten von Elektronik-Komponenten auf Leiterplatten. Hier sind vor allem die sogenannten Massen-Lötverfahren Tauchlöten, Schlepplöten, Wellenlöten und Reflowlöten bekannt. Diese Verfahren sind in der Literatur ausführlich beschrieben und wurden in zahlreichen Untersuchungen und Entwicklungen in Einzelaspekten betrachtet und optimiert /26, 27, 28/. In der industriellen Produktion haben sich hauptsächlich automatisierte Anlagen für die Verfahren Wellenlöten und Reflowlöten durchgesetzt, die von zahlreichen Herstellern angeboten werden.

Diese Verfahren und Anlagen sind zur flexiblen kontinuierlichen Erstellung von Lötnähten an Blechgehäusen nicht geeignet, da sie entweder die Nichtbenetzbarkeit des Materials um die Lötstelle herum, bei freier Zugänglichkeit der Lötstellen erfordern (z.B Wellenlöten) oder aber eine Kompletterwärmung des gesamten Werkstükkes in einem Ofen, bei sowohl zeitlich als auch räumlich getrenntem vollständigem Lotauftrag, zugrunde legen.

❏ Weichlöten mit Industrierobotern

In bestimmten Bereichen der Elektronikproduktion können die genannten Massenlötverfahren nicht zum Einsatz kommen. Dies betrifft zum Beispiel das Verlöten einzelner nachbestückter Bauelemente, die nachträgliche Herstellung von Lötstellen im Gehäuseinneren oder das Verlöten hitzeempfindlicher Bauelemente. Zum automatisierten sequenziellen Löten einzelner Lötpunkte kommen hier vermehrt speziell entwickelte Lötwerkzeuge zum industriellen Einsatz (<u>Bild 2.4</u>).

Je nach Komplexität der Lötaufgabe bzw. je nach Flexibilitätsanforderungen werden diese in Verbindung mit einfachen Vorschubachsen bis hin zum Industrieroboter eingesetzt. Als Wärmequelle kommen hauptsächlich konventionelle Lötkolben, zum Teil jedoch auch Laserstrahlung oder Mikroflammen zum Einsatz. Bei diesem Verfahren wird das Lötwerkzeug mit Hilfe der Handhabungsvorrichtung, an die jeweilige Löt-

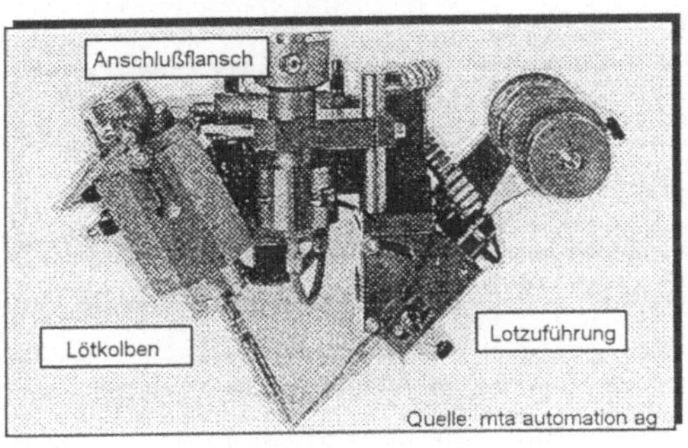

Bild 2.4:   Lötwerkzeug zum automatisierten Punktlöten

stelle positioniert und Punktlötungen ausgeführt /13/. Eine Untersuchung von 20 am Markt verfügbaren Lötwerkzeugen der 11 wichtigsten Hersteller hat ergeben, daß diese Werkzeuge aufgrund des angewandten Verfahrens bzw. der auf die Herstellung von Einzellötpunkten zugeschnittenen Werkzeugkonfiguration zur Herstellung von Lötnähten an Blechgehäusen nicht geeignet sind /34/

☐ Automatisierte Erstellung von Lötnähten im Weichlötverfahren

In /35/ und /36/ werden verschiedene Verfahren beschrieben, die zur Erstellung von Lötnähten an Behälterzargen, zum Beispiel in der Konservendosenproduktion, eingesetzt werden. Hierbei handelt es sich um die Verlötung vorgefalzter bzw. überlappter Längsnähte, die auf der Außenseite der Zarge frei zugänglich sind.

Die beschriebenen Verfahren sind:

A) Schwemmlöten mit Walze: Flüssiges Lot wird durch eine in einem Lotbad rotierende Walze in die gefalzte Lötnaht eingeschwemmt.

B) Tauchlöten: Hierbei wird die Falznaht durch eine mit flüssigem Lot gefüllte Rinne so geführt, daß diese durch Kapillarwirkung Lot aufnimmt.

C) Einspritzlöten: Flüssiges Lot wird durch eine Düse in die über ihr vorbeigeführte vorgewärmte Lötnaht eingespritzt /35, 36/.

D) Aufschmelzlöten: Einlegen eines Lotstreifens zwischen die überlappenden Enden des Zuschnittes und nachträgliches Aufschmelzen des Lotes.

Die mit Verfahren A), B) und C) realisierten automatisierten Anlagen sind starr automatisiert und zumeist auf hohe Stückzahlen ausgelegt. Verfahren D) wird zur Herstellung von Dosen und Behältern in Sondergroßen und in kleinen Stückzahlen eingesetzt Innenliegende Lötnähte sowie mehrere Lötnähte pro Zarge in unterschiedlichen Lagen und Orientierungen, wie sie bei Hochfrequenz-Blechgehäusen häufig auftreten, können mit diesen Verfahren nicht hergestellt werden.

Eine Übersicht und die Charakterisierung der automatisierten Weichlötverfahren sowie deren Einsatzbereiche sind in <u>Bild 2.5</u> zusammengestellt.

	Einsatz-bereiche	Auto-matisierung	Flexibilität	werkstückbezogene Voraussetzungen
Wellenlöten	Verlöten von elektronischen Flachbaugruppen, bedrahtete u. SMD-Bauelemente	Vollautomatisierte Lötanlagen, kontinuierlicher Durchlauf der Werkstücke	Begrenzte Flexibilität in Bezug auf die Breite der Baugruppen	Lötstellen müssen auf ebener Fläche, einseitig, frei zugänglich angeordnet sein, Bauteile auf der Unterseite müssen Löttemperatur aushalten
Reflowlöten	Verlöten von elektronischen Flachbaugruppen, nur SMD-Bauelemente	Vollautomatisierte Lötanlagen, kontinuierlicher Durchlauf der Werkstücke	Begrenzte Flexibilität in Bezug auf die Breite und Länge der Baugruppen	Alle Bauteile müssen Löttemperatur aushalten, Lot und Flußmittel müssen separat aufgebracht werden
Einzelpunktlöten	Verlöten von elektronischen Baugruppen, Sonderbauelemente, Nachbestückung, etc.	Sequenzielles Anfahren der Lötpunkte durch Industrieroboter, vollautomat. Prozeßablauf	Hohe Flexibilität durch Programmierbarkeit von Lötposition u. Lötparameter	Lötstellen müssen einseitig angeordnet und durch das Lötwerkzeug zugänglich sein
Schwemmlöten mit Walze	Verlöten der Längsfalze an Dosenzargen (Konservendosen)	Vollautomatisierte Lötanlagen, kontinuierlicher Durchlauf der Werkstücke	Unflexibler Aufbau, hohe Anlagenleistung	Nur eine Naht pro Zarge, Naht muß frei von außen zugänglich und durch Falzung fixiert sein, Lage und Orientierung der Naht immer gleich
Tauchlöten	Verlöten von Außennähten an runden und eckigen Behältern	Vollautomatisierte Lötanlagen, kontinuierlicher Durchlauf der Werkstücke	Unflexibler Aufbau, mittlere Anlagenleistung	Nur eine Naht pro Zarge, Naht muß frei von außen zugänglich und fixiert sein, Lage und Orientierung der Naht immer gleich
Einspritzlöten	Verlöten der Längsfalze an Dosenzargen (Konservendosen)	Vollautomatisierte Lötanlagen, kontinuierlicher Durchlauf der Werkstücke	Unflexibler Aufbau, hohe Anlagenleistung, niedriger Lotverbrauch	Nur eine Naht pro Zarge, Naht muß frei von außen zugänglich und fixiert sein, Lage und Orientierung der Naht immer gleich
Aufschmelzlöten	Verlöten von Außennähten an runden und eckigen Behältern, kleine Stückzahlen	Teilautomatisierter Prozeßablauf, manuelles Einspannen von Werkstück und Lot	Flexibilität durch unterschiedliche Aufspannvorrichtungen	Nur eine Naht pro Zarge, Naht muß durch Spannvorrichtung zugänglich sein, Lage und Orientierung der Naht immer gleich

<u>Bild 2.5:</u>   Übersicht und Charakterisierung automatisierter Weichlötverfahren

❏ Automatisierung von Hartlötprozessen

Im Bereich der Hartlöttechnik sind vor allem starr automatisierte Lötanlagen bekannt, die in der Regel auf Rundschalttischen oder Transfersystemen mit fest eingerichteten Lötstationen basieren /37/. Dabei wird das Werkstück in einer festen Aufspannvorrichtung fixiert, mit dieser in die Lötstation gefahren und dort an den vorgegebenen Positionen erhitzt und verlötet. Das Lot wird entweder als Formteil bereits beim Aufspannen des Werkstückes eingelegt oder während des Erwärmungsvorganges als Lotdraht automatisch an die vorgegebene Position zugeführt. Eine Änderung am Produkt bzw. ein Produktwechsel erfordert hier meist sehr aufwendige Umrüstarbeiten sowie die Neugestaltung der Aufspannvorrichtungen. Somit sind auch in diesem Bereich keine eventuell übertragbaren Automatisierungslösungen bekannt, die zur flexibel automatisierten Herstellung von Lötnähten insbesondere an HF-Gehäusen herangezogen werden können.

2.3.2 Wissenschaftliche Untersuchungen

Wissenschaftliche Untersuchungen zum Thema Weichlöten konzentrieren sich hauptsachlich auf Anwendungen in der Fertigung von Elektronikbaugruppen als Hauptanwendungsgebiet der Weichlöttechnik /32, 33, 38/. Dabei werden vor allem die prozeßbeeinflussenden Größen wie

- ❏ die Metallurgie und Auswahl der Lotlegierung /39/,
- ❏ die Zusammensetzung und Wirkungsweise von Flußmitteln /40/,
- ❏ die Lötbarkeit von Bauteilen,
- ❏ das Benetzungsverhalten,
- ❏ die Gefügeausbildung des Lotes und
- ❏ mechanische, thermische und elektrische Eigenschaften von Lötstellen

untersucht und in Einzelaspekten beleuchtet.

Auch für spezielle, für bestimmte Einsatzfälle gestaltete Lötverfahren, wie zum Beispiel das Laserlöten, liegen wissenschaftliche Betrachtungen vor /41,42/. Diese beschränken sich jedoch auf den Einsatz der Verfahren bei bestimmten Aufgabenstellungen, die die Thematik des automatisierten, kontinuierlichen Verlötens von Gehauseblechen nicht beinhalten.

Von besonderer Bedeutung für die Entwicklung eines Verfahrens zum Bahnlöten von Gehäuseblechen ist die Temperaturführung in der Lötnaht, die maßgeblich von der Wärmeübertragung und der Wärmeleitung im Werkstoff abhängt. Hier gibt es gewisse verfahrenstechnische Ähnlichkeiten zu Schweißprozessen. Im Bereich der Schweißtechnik liegen verschiedene grundlegende wissenschaftliche Betrachtungen vor, die sich mit dieser Thematik beschäftigen /43...46/. Verschiedene in diesen Abhandlungen hergeleitete Ansätze zur Berechnung von Temperaturverteilungen in Werkstücken werden als Grundlage für die theoretische Untersuchung des Lötprozesses innerhalb dieser Arbeit herangezogen.

2.3.3 Aufzeigen von Entwicklungsdefiziten

Die Zusammenfassung und Charakterisierung der wesentlichen automatisierten Weichlötprozesse, die sich im industriellen Einsatz befinden (Bild 2.5), zeigt, daß für den in dieser Arbeit betrachteten Einsatzbereich bisher keine automatisierten Verfahren zur Verfügung stehen. Die diesbezüglichen Entwicklungsdefizite konnen wie folgt beschrieben werden:

❑ Ein Verfahren zum flexibel automatisierten, kontinuierlichen Verlöten von Gehäuseblechen ist bisher nicht verfügbar.

❑ Die bisherigen Untersuchungen und Erkenntnisse bei der Automatisierung von Weichlötprozessen lassen sich nur teilweise als Grundlage heranziehen und reichen für die Entwicklung eines Verfahrens zum automatisierten kontinuierlichen Verlöten von Gehäuseblechen nicht aus.

❑ Grundsätzliche wissenschaftliche Betrachtungen über Einflüsse und Randbedingungen für die Gestaltung automatisierter kontinuierlicher Lötprozesse liegen bisher nicht vor.

❑ Anforderungen und Konzepte für flexible Anlagen zum automatisierten, kontinuierlichen Verlöten von Gehäuseblechen, insbesondere für Hochfrequenzgehäuse, wurden bisher nicht definiert.

Diese Entwicklungsdefizite sollen im Rahmen dieser Arbeit ausgeglichen werden.

3   Analyse der Lötaufgabe

3.1   Analyse der Hochfrequenz-Blechgehäuse

☐ Gehäusegeometrie, Aufbau und Abmessungen
Eine Untersuchung der Gehäusespektren 12 verschiedener Hersteller hat ergeben, daß eine große Varianz an Gehäusen vorliegt, die sich in Geometrie, Abmessungen, verwendeten Werkstoffen, Blechdicken und Gehäuseaufbau sehr stark unterscheiden (<u>Bild 3.1</u>).

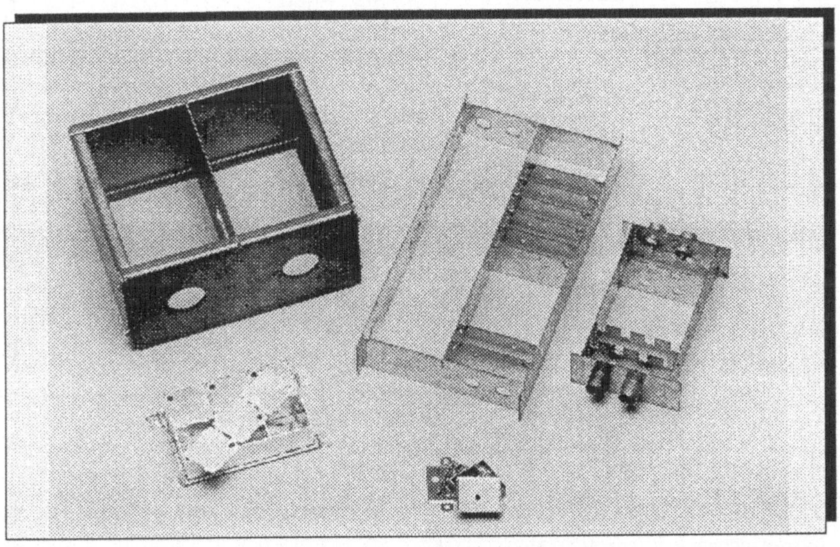

<u>Bild 3 1</u>   Beispiele unterschiedlicher Blechgehäuse verschiedener Hersteller

Ein Gehause kann prinzipiell in die drei Baugruppen Zarge, Boden und Deckel zerlegt werden. Bei 93 % der Gehäuse sind die Zargen durch ein oder mehrere Zwischenbleche in Gefache unterteilt. Deckel und Boden schließen die Gehause ab, indem sie auf die Zarge aufgelegt bzw in die Zarge eingelegt und mit dieser verlötet werden Je nach Aufbau der Gehausezarge, ergibt sich ein unterschiedlicher Anteil der geloteten Nahte an der Gesamtkantenlange und eine unterschiedliche Anzahl von Einzelnahten (<u>Bild 3 2</u>) Zur Fixierung der Gehausebleche vor dem Verloten werden diese zum Teil an Überlappungen verschraubt oder punktgeschweißt, mit Hilfe von Durchbrüchen und Nasen an den einzelnen Blechen miteinander verzahnt oder in entsprechenden Aufspannvorrichtungen fixiert.

Grund-geometrie	Aufbau	Beschreibung	AdL	$\dfrac{AdE}{AdO}$
Kubus		Einfachzarge aus Streifen gebogen, Boden und Deckel verlötet, ohne Innenunterteilung	●	$\dfrac{9}{9}$
		Fertigzarge mit Boden und Deckel verlötet, mit Innen-unterteilung	●	$\dfrac{>8}{>10}$
		Zusammengesetzte Blech - Biegeteile verschraubt und verlötet, mit Innen-unterteilung	●●	$\dfrac{>10}{>12}$
Zylinder		Zusammengesetzte Blechstreifen, verlötet, mit Innen-unterteilung	●●●	$\dfrac{>14}{>10}$
		Zarge mehrteilig mit Deckel und Boden, verschraubt und verlötet, ohne Innenunterteilung	●●●	$\dfrac{>2}{\infty}$

Kubus – Abmessungen mm:

	min	max
l	20	500
b	20	400
h_K	6	100

Zylinder – Abmessungen mm:

	min	max
Ø	50	500
h_Z	40	700

Legende:
AdL...Anteil der Lötnaht an der Gesamtkantenlänge — ● klein
AdE...Anzahl der Einzelnähte — ●● mittel
AdO...Anzahl unterschiedlicher Orientierungen der Naht — ●●● groß

Bild 3.2: Gehäuseanalyse, Übersicht über Grundformen des Gehäuseaufbaus

Die hauptsächlich für die Gehäuse verwendeten Werkstoffe mit zugehörigen für den Lötvorgang wichtigen Kennwerten /37, 38/, Oberflächenbeschichtungen und den eingesetzten Blechdicken sind in __Bild 3.3__ zusammengestellt. Bei 68 % der untersuchten Gehäusen wurde verzinntes Stahlblech als Werkstoff eingesetzt.

Werkstoffe / Beschichtungen / Blechdicken (Basis: 12 Hersteller)			
	Stahl (St)	Messing (Ms)	Aluminium (Al)	Kupfer (Cu)
C_p kJ/(kg K)	0,46	0,385	0,904	0,394
λ W/(m K)	47...58	79...116	209...222	349...372
Beschich-tung	verzinnt	unbeschichtet versilbert	versilbert	unbeschichtet
Blech-dicken	0,3 mm bis 2,0 mm			
Produk-tionsanteil	68 %	11 %	18 %	4 %

C_p...spezifische Wärmekapazität (Temperaturber. 0...100°C, abh. von konkreter Legierung)
λ ...Wärmeleitfähigkeit, abhängig von Temperatur und Legierung

__Bild 3 3:__   Übersicht über eingesetzte Werkstoffe und Beschichtungen

☐ Fertigungsablauf beim Gehäuseaufbau

Der Einbau der Elektronikkomponenten in das Gehäuse macht eine Unterbrechung bzw. eine Zweiteilung des Fertigungsprozeßes erforderlich. Bei 85 % der untersuchten Gehäuse erfolgt der Einbau der Elektronikkomponenten bei beidseitig offener Gehäusezarge, so daß hier eine Einteilung des Gehäuse-Fertigungsprozesses in das Verlöten der Zargenbleche und das Verlöten der Boden- bzw. Deckelbleche erfolgen kann. Teilweise werden auch Elektronikkomponenten mit den Gehäusen verlotet. Dies soll innerhalb dieser Arbeit jedoch nur insofern Beachtung finden, daß ein Ablöten dieser Komponenten beim anschließenden Verlöten der Deckel- bzw. Bodenbleche durch Minimierung der Wärmeeinflußzone vermieden werden muß.

☐ Orientierung und Zugänglichkeit der Lötnähte

Die Zuganglichkeit der Lötnähte sowie die Lage und die Richtung der Lötnähte an den Gehäusen bzw. im Bezugssystem nimmt maßgeblichen Einfluß auf die notwendige Anzahl von Freiheitsgraden des Lötwerkzeugs, des Handhabungssystems und der peripheren Einrichtungen. Innennähte werden erforderlich bei einzulötenden Gefacheblechen oder durch funktionsbedingte Fertigungsvorgaben. Sie sind gekennzeichnet durch eine eingeschränkte Zugänglichkeit. Der bei dem untersuchten Gehäusespektrum ermittelte kleinste zur Verfügung stehende Zugangsraum ist in Bild 3.4 dargestellt.

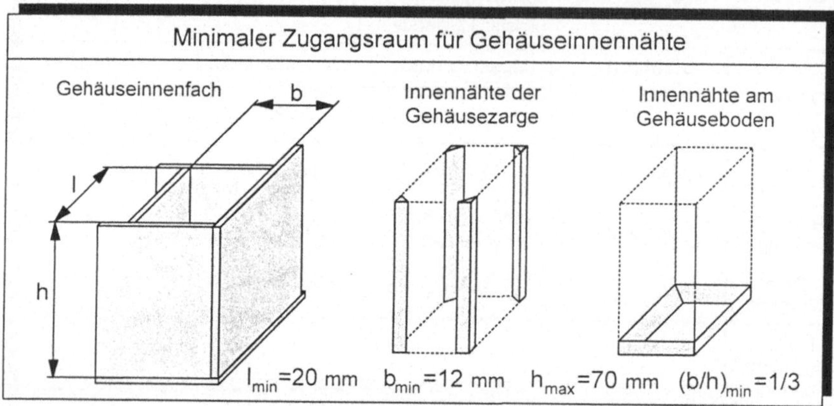

Bild 3.4: Freier Zugangsraum für die Erstellung von Lotnähten in Gehäuse-innenfächern

Bei der Untersuchung der möglichen Orientierungen der Lötnähte im Bezugssystem (siehe Bild 2.3) wird davon ausgegangen, daß die Lage des Werkstückes jeweils so gewählt wird, daß dessen Hauptachsen mit denen des Bezugssystems zusammenfallen. Beispielhaft betrachtet werden in Bild 3.5 die Gehäuse-Grundformen mit dem größten Anteil von Lötnähten an der Gesamtkantenlänge, die gleichzeitig die größte Varianz unterschiedlicher Nahtorientierungen zulassen. Liegen keine speziellen Fertigungsvorgaben vor, kann bei einfachen T-Stößen die Seite des Stoßes auf der die Lötnaht verläuft frei gewählt werden.

Eine spezielle Lage der Lötnaht kann auch durch die Anordnung der einzelnen Blechteile, zum Beispiel ein- bzw. aufgelegtem Boden und Deckel sowie durch die Geometrie des Stoßes vorgegeben sein. Je nach Gestaltung des Gehäuseaufbaus und spezieller Fertigungsvorgaben ergeben sich somit unterschiedliche mögliche Lagen und Verläufe für die entsprechenden Lötnähte. Aus der Vorgabe der Fertigungsreihenfolge Zarge, Boden, Deckel, ergibt sich für den Deckel eine reduzierte Anzahl möglicher Nahtlagen, da dieser nicht durch Innennähte verlötet werden kann.

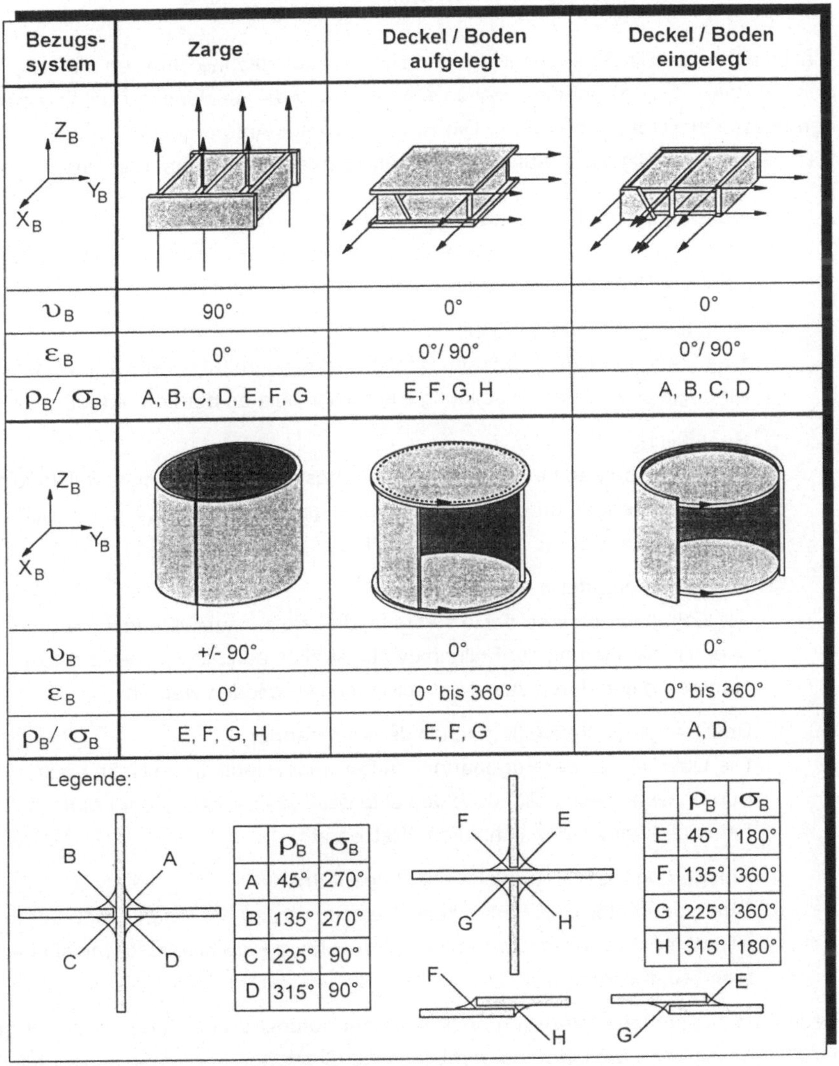

Bezugs-system	Zarge	Deckel / Boden aufgelegt	Deckel / Boden eingelegt
ϑ_B	90°	0°	0°
ε_B	0°	0°/ 90°	0°/ 90°
ρ_B / σ_B	A, B, C, D, E, F, G	E, F, G, H	A, B, C, D
ϑ_B	+/- 90°	0°	0°
ε_B	0°	0° bis 360°	0° bis 360°
ρ_B / σ_B	E, F, G, H	E, F, G	A, D

Legende:

	ρ_B	σ_B
A	45°	270°
B	135°	270°
C	225°	90°
D	315°	90°

	ρ_B	σ_B
E	45°	180°
F	135°	360°
G	225°	360°
H	315°	180°

<u>Bild 3.5:</u>   Mögliche Orientierungen von Lötnähten an Gehäusen

3.2 Analyse der Lötnaht

3.2.1 Anforderung an die Lötnaht, Qualitätsmerkmale

Die Lötnähte an Blechgehäusen für die Hochfrequenztechnik müssen Anforderungen genügen, die sowohl die mechanische als auch die elektrische Funktion sowie den optischen Eindruck betreffen. Die Erfüllung dieser Anforderungen ist gewährleistet, wenn die im folgenden aufgeführten Qualitätsmerkmale vorhanden sind.

- Vollständigkeit der Lötnaht
  Der Stoß zwischen den beiden Fügepartnern muß vollständig von Anfang bis zum Ende der Naht verlötet sein, Fehlstellen sind nicht zulässig.

- Benetzung der Fügepartner
  Das Lot muß beide Fügepartner möglichst gleichmäßig benetzen, was zu einer gleichmäßigen Ausbildung einer Hohlkehle an der Lötnaht führt.

- Spaltfüllung
  Der zwischen den beiden Fügepartnern bestehende Spalt muß vollständig und durchgehend durch den Lotwerkstoff gefüllt werden, was durch sichtbarwerden des Lotes auf der Nahtrückseite angezeigt wird.

- Lotmenge, Nahtform
  Die Lotmenge muß so dosiert werden, daß sie zur Ausbildung einer deutlichen Hohlkehle und zur Füllung des Lotspaltes ausreicht. Eine konvexe Nahtgeometrie durch zuviel Lot soll jedoch vermieden werden.

- Beschädigungsfreie Oberflächen der Fügepartner
  Die Oberflächen der Fügepartner dürfen weder durch thermische noch durch mechanische Einflüsse des Lötprozeßes beschädigt oder optisch beeinträchtigt werden (Anlaufen, Kratzer. etc.).

- Ablagerungsfreie Oberflächen der Fügepartner
  Durch den Lötprozeß dürfen keine Verschmutzung der Oberflächen der Fügepartner verursacht werden. Lediglich geringe Flußmittelreste (nicht korrosiv) sind tolerierbar.

Diese Qualitätsmerkmale müssen auch in einem automatisierten Lötprozeß mit hoher Zuverlässigkeit erzielt werden und bilden die Grundlage der Ergebnisbeurteilung der innerhalb dieser Arbeit durchgeführten Versuchslötungen.

3.2.2 Geometrie der Lötnaht und Wärmebedarfsabschätzung

Bei der Verbindung von einzelnen Blechen zu Gehäusen bzw. Gehäuseteilen kann von einer rechtwinkligen Anordnung der Bleche zueinander ausgegangen werden. Dabei ensteht an deren Berührungsstelle je nach Betrachtungsweise und Gestaltung des Stoßes als T-, Eck- oder Überlappstoß /19/ ein Lötspalt bzw. eine Lötfuge mit linearer Ausdehnung, wie in Bild 3.6 dargestellt. Je nach Art des Stoßes ergeben sich unterschiedliche Nahtquerschnitte. Dabei wird davon ausgegangen, daß die zu verlötenden Bleche bis in einen bestimmten Abstand von der Mittellinie der Naht aus gleichmäßig auf Löttemperatur erwärmt werden.

Stoßarten	T-Stoß	Eckstoß	Überlappender T-Stoß	Überlappender Eckstoß	Überlappstoß
Lötnaht querschnitt					
Querschnittsfläche (1)	$= l \cdot (d_1 + 2d_2)$	$= l \cdot (d_1 + d_2) + d_1 \cdot d_2$	$= 2l \cdot (d_1 + d_2) - d_1^2$	$= l \cdot (2d_1 + d_2) - d_1^2$	$= l \cdot (d_1 + 2d_2)$

Legende: (1)	Theoretischer Energiebedarf zur Aufheizung des Stoßes im Benetzungsbereich des Lotes auf Löttemperatur, ohne Verluste, gerechnet für:	
d...Dicke der Bleche	**Eckstoß, Alu:** $d_1 = d_2 = 0{,}5$ mm $l = 3$ mm $\quad \Delta T = 280\ °C$	**Überl.-T-Stoß, Stahl:** $d_1 = d_2 = 2$ mm $l = 3$ mm $\quad \Delta T = 280\ °C$
l...Benetzungsstrecke des Lotes	$Q_{min} = 2{,}3$ J/mm	$Q_{max} = 22{,}2$ J/mm

Bild 3.6: Lötnahtgeometrien bei der Verbindung von Gehäuseblechen

Dieser Abstand entspricht der Benetzungsstrecke des Lotes quer zur Richtung der Lötnaht, die mit 3 mm angenommen wird. Unter diesen Vorgaben wird in Bild 3.6 eine grobe Abschätzung des theoretischen Energiebedarfes bei unterschiedlichen Vorgaben vorgenommen. Hierbei ist zu beachten, daß ein zusätzlicher und bei den verschiedenen Materialien stark unterschiedlicher Energiebedarf durch Wärmeleitung in das den Nahtquerschnitt umgebende Material zu erwarten ist.

3.2.3 Abschätzung des Lot- und Flußmittelbedarfes

Ausgehend von einer Benetzungsstrecke des Lotes quer zur Naht von 3 mm und der Ausbildung einer symmetrischen Hohlkehle, wird der Querschnitt durch das aufgetragene Lot mit 2 mm^2 grob abgeschätzt. Verknüpft mit einer anzustrebenden Lötgeschwindigkeit von 10 mm/s, und einer effektiven Lötzeit von 45 min/h und 8 h/Schicht ergibt sich, bei dem spezifischen Gewicht des Lotes von 8,5 Kg/dm^3, der theoretische Lotverbrauch pro mm Naht bzw. pro Schicht:

$$Vb_{L, theo} = 0,017 \text{ g/mm entspricht} \approx 3,7 \text{ kg/Schicht}$$

Ausgehend von der Flußmittelmenge die in einem Lötdraht mit Flußmittelseele pro Masseneinheit Lot angeboten wird (20 Vol% bzw. 3 Massen%) /32/ kann der theoretische Flußmittelverbrauch hochgerechnet werden:

$$Vb_{Fl, theo} = 0,00053 \text{ g/mm entspricht} \approx 0,12 \text{ kg/Schicht}$$

3.3 Analyse des Lötprozesses

3.3.1 Einflußparameter des Bahnlötprozesses

Der Bahnlötprozeß ist ein Prozeß der von vielen Parametern beeinflußt bzw. bestimmt wird. Die prozeßbestimmenden Parameter können in drei Gruppen eingeteilt und verschiedenen Prozeß- bzw. Systembereichen, zugeordnet werden (<u>Bild 3.7</u>). Die in der **Parametergruppe A** zusammengefaßten Einflußgrößen werden im wesentlichen durch die Werkstücke und Werkstoffe bestimmt. Da diese, wie gezeigt, sehr unterschiedlich sein können, muß auch der Lötprozeß entsprechend angepaßt werden können. Dies muß in einem automatisierten Gesamtsystem vor allem durch Anpassung der in der **Parametergruppe C** zusammengefaßten Einflußgrößen erfolgen, da die übrigen, in **Parametergruppe B** zusammengefaßten Einflußgrößen durch den Systemaufbau festgelegt werden und im laufenden Betrieb nicht mehr als flexibel veränderlich angesehen werden können. Bei der Definition der Anforderungen an ein Gesamtsystem sind somit vor allem die in **Parametergruppen B und C zusammengefaßten technologischen Parameter** zu berücksichtigen /47/.

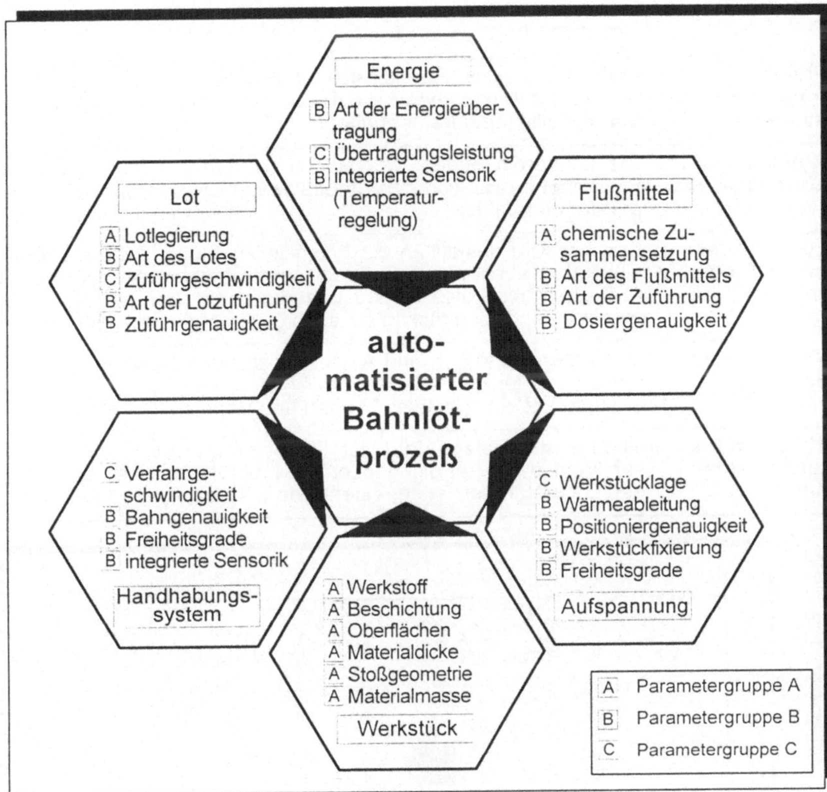

Bild 3.7   Einflußparameter auf den Bahnlötprozeß

3.3.2   Teilprozesse des Lötprozesses

Der Lötprozeß setzt sich aus verschiedenen Teilprozessen zusammen. Diese sind in Bild 3.8 zusammengestellt. In der Lötnaht bzw. im Stoß zwischen den zu verlötenden Werkstücken ergibt sich eine Prozeßzone innerhalb derer die aufgeführten Teilprozesse des Lötprozesses ablaufen. Der Verlauf bzw. die Dauer der Aufheizung der Werkstücke bis zur Wirktemperatur des Flußmittels sowie der Abkühlvorgang nach Erstarren des Lotes ist für den eigentlichen Lötprozeß von untergeordneter Bedeutung und kann separat betrachtet werden.

Teilprozeß	Beschreibung
Flußmittel auftragen und aktivieren	Flußmittel wird im Bereich des Stoßes auf die zu verbindenden, bereits auf Wirktemperatur aufgeheizten Werkstücke aufgetragen und auf Wirktemperatur erwärmt.
Aufheizen auf Löttemperatur	Die zu verbindenden Werkstücke werden zusammen mit dem Flußmittel im Bereich des Stoßes weiter erwärmt bis die Löttemperatur erreicht ist.
Lot zuführen und aufschmelzen	Das Lot wird dosiert an die Lötstelle zugeführt. Dies kann in festem aber auch in aufgeschmolzenem Zustand geschehen. Das Aufheizen des Lotes bis zur Löttemperatur kann sowohl zusammen mit den Werkstücken als auch getrennt davon erfolgen.
Nachwärmen, Benetzen	Nach dem Auftragen und Aufschmelzen des Lotes muß die Lötstelle noch für gewisse Zeit auf Löttemperatur gehalten werden, um dem Lot ein optimales Fließen und Benetzen zu ermöglichen.
Abkühlen bis zur Loterstarrung	Nach dem Benetzen der Lötstelle beginnt der Abkühlprozeß. Dieser kann passiv erfolgen oder aktiv unterstützt werden. Sobald das Lot erstarrt ist, ist der eigentliche Lötprozeß abgeschlossen.

Bild 3.8: Teilprozesse und Prozeßzone des kontinuierlichen Lötprozesses

Bei der automatisierten kontinuierlichen Erstellung einer Lötnaht mit gleichbleibend hoher Qualität muß gewährleistet sein, daß der Ablauf der Teilprozesse für jeden Punkt der Naht der gleiche ist. So ergibt sich, bezogen auf die Prozeßzone, im Prinzip ein stationärer Ablauf, wobei sich diese mit bestimmter Geschwindigkeit über das Werkstück bewegt.

Der flexible Einsatz des Verfahrens vor allem bei kleinen Gehäuseabmessungen bzw. Gehäuse-Innfächern hängt wesentlich von der Ausdehnung der Prozeßzone ab. Deshalb muß bei der Entwicklung eines Verfahrens darauf geachtet werden die Ausdehnung der Prozeßzone möglichst klein zu halten.

3.3.3   Schwerkrafteinfluß auf den Lötprozeß

Wie theoretische Betrachtungen zum Benetzungsverhalten /32/ sowie Erkenntnisse aus manuellen Lötversuchen an Gehäuseblechen zeigen, nimmt die Schwerkraft, in Verbindung mit der Orientierung der Lötnaht und der aufgetragenen Lotmenge erheblichen Einfluß auf die Form der Lotoberfläche und somit auf die Hohlkehlenausbildung der Lötnaht. Eine symmetrische und damit optimale Ausbildung der Hohlkehle unabhängig von der zugeführten Lotmenge kann nur bei einem Nahtdrehwinkel von 90°, der sogenannten Wannenlage erwartet werden. Bei von diesem Wert abweichenden Winkeln wird sich eine Verlagerung der Lotmasse zu dem in flacherem Winkel stehenden Blech hin ergeben. Bei Nahtdrehwinkeln < 45° bzw. > 135° ist ein Abfließen des Lotes auf dem nach unten gerichtenten Blech zu erwarten Dies gilt auch für Nahtneigungswinkel die wesentlich von 0° abweichen. Diese Tatsache nimmt Einfluß auf die Qualität der Lötnaht und muß bei der Gestaltung der Aufspannstrategie und entsprechender Vorrichtungen berücksichtigt werden.

**4   Folgerungen aus der Analyse und Ableitung der
Anforderungen an Systeme zum automatisierten Bahnlöten
von Hochfrequenz-Blechgehäusen**

Die Analyse der Lötaufgabe verdeutlicht die Vielschichtigkeit der Aufgabenstellung,
die von den durch die Werkstücke gesetzten Randbedingungen und den Einflußgrößen des Lötprozesses in komplexen Zusammenhängen bestimmt wird. Diese be-
gründet die bestehenden Hemmnisse für die durchgehende Automatisierung des
Arbeitsprozesses zur Erstellung der Lötnähte an Hochfrequenz-Blechgehäusen.

❏ Vielfalt der Gehäusevarianten und Bauformen
Für die große Vielfalt der Gehäusebauformen, Nahtgeometrien und Nahtlagen, in
Verbindung mit kleinen Stückzahlen, werden flexibel anpassbare Verfahren und
Werkzeuge benötigt, die eine Optimierung der wichtigen Verfahrensparameter er-
möglichen. Solche Werkzeuge sind derzeit nicht am Markt erhältlich.

❏ Verfahrensvielfalt
Zur Gestaltung eines flexiblen Verfahrens und entsprechender Werkzeuge steht eine
große Anzahl unterschiedlicher Funktionseinheiten für Erwärmung, Lot- und Flußmit-
telzufuhr zur Auswahl. Die theoretisch möglichen Kombinationen ergeben eine große
Vielfalt denkbarer Verfahren für diesen Einsatzfall. Da bisher jedoch keine Erkenntnisse über die Eignung der vorhandenen Funktionseinheiten vorliegen, besteht eine
große Unsicherheit bezüglich der Auswahl der Funktionseinheiten und der Gestaltung eines Verfahrens.

❏ Parametervielfalt
Jedes denkbare Lötverfahren ist mit einer großen Anzahl vorzubestimmender und
variabler Verfahrensparameter behaftet. Über die Wahl der einzelnen Parameter bei
unterschiedlichen Randbedingungen liegen bisher keine gesicherten und übertragbaren Erkenntnisse vor.

Zur Beseitigung dieser Hemmnisse und zur Gestaltung eines Gesamtsystems zur
automatisierten Erstellung der Lötnähte an Hochfrequenz-Blechgehäusen, muß in
systematischer Vorgehensweise ein auf diese Aufgabenstellung zugeschnittenes
Lötverfahren und die dafür benötigten Systemkomponenten entwickelt und in Versuchsreihen erprobt werden.

4.1 Abgrenzung des Lötsystems und Zuordnung der Teilfunktionen zu Funktionseinheiten

Die zur Erfüllung der Aufgabe notwendigen Teilfunktionen ergeben sich aus der Analyse der Lötaufgabe und werden in Anlehnung an /49/ zunächst einzelnen Teilsystemen und Systembereichen zugeordnet (Bild 4.1). Dies dient als Ausgangsbasis für eine systematische, morphologische Vorgehensweise /50/ bei der Entwicklung von Verfahren, Systemkomponenten und Gesamtsystemen.

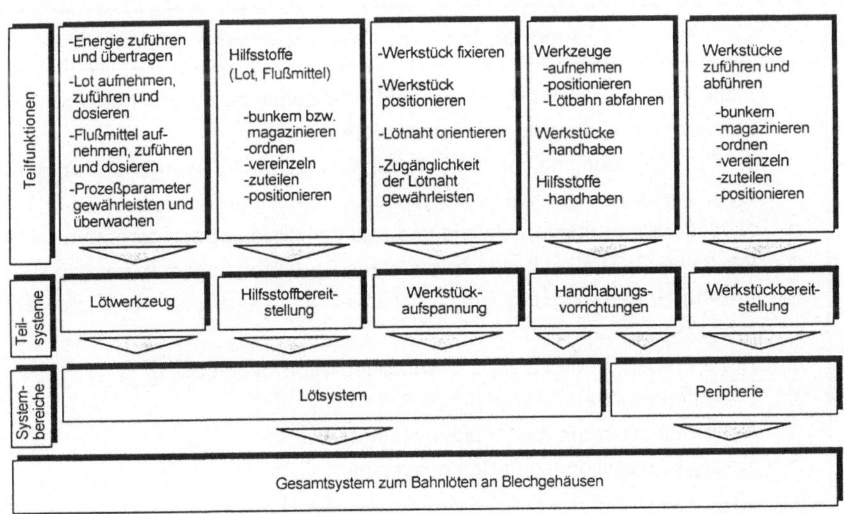

Bild 4.1: Zuordnung von Teilfunktionen zu Funktionseinheiten im Gesamtsystem

Unter Beachtung der Zielsetzung und Zugrundelegung der zugeordneten Teilfunktionen, können nun die entsprechenden Anforderungen an ein Gesamtsystem und an die einzelnen Teilsysteme abgeleitet werden. Dabei werden nur die unter dem Systembereich Lötsystem zusammengefassten Teilsysteme betrachtet, die direkt bzw. indirekt am Lötprozeß beteiligt sind. Periphere Systeme zur Bereitstellung, Zuführung und Abführung der Werkstücke können mit dem Stand der Technik realisiert werden und werden hier nicht näher betrachtet. Das Handhabungssystem kann sowohl im Lötsystem als auch für die Ausführung peripherer Funktionen eingesetzt werden, hier werden jedoch nur die Anforderungen die das Lötsystem betreffen berücksichtigt.

4.2 Anforderungen an ein flexibles Gesamtsystem zum Bahnlöten von Hochfrequenz-Blechgehäusen

In <u>Bild 4.2</u> sind die Anforderungen an ein Gesamtsystem zum Verlöten von Gehäuseblechen zusammengestellt. Diese sind auf ein flexibel ausgelegtes System ausgerichtet, das die Bearbeitung von Gehäusen in der bestehenden Bandbreite, bei automatischem Betrieb und über eine autonome Betriebsdauer von 8 Stunden (1 Schicht) gewährleistet.

Anforderungen an Gesamtsysteme

- Hohe Produktflexibilität in Bezug auf Gehäusegeometrien, Gehäuseabmessungen, Nahtlagen und Nahtverläufe
- Zeitliche Entkopplung der Gehäusevormontage, des Lötvorganges an den Gehäusezargen und den Lötvorgängen an Deckel und Boden
- Niedriger Programmieraufwand und selbsterklärende Bedienerführung
- Weitgehende Verwendung von marktgängigen Standardkomponenten
- Flexible Erweiterungsfähigkeit, mechanisch und steuerungstechnisch durch modularen Systemaufbau
- Hohe Prozeßsicherheit zur Sicherstellung der Produktqualität
- Bedienerloser Betrieb über 8 h (1 Schicht)
- Hohe Störsicherheit und Anlagenverfügbarkeit
- Niedrige Investitions- und Betriebskosten

<u>Bild 4 2.</u> Anforderungen an flexibel automatisierte Gesamtsysteme zum Bahnlöten an Hochfrequenz-Blechgehäusen

4.3 Anforderungen an das Lötverfahren und die Teilsysteme

Fur die Teilsysteme des Lötsystems werden detaillierte Anforderungen aufgestellt. Da die Gestaltung des Lötverfahrens bestimmenden Einfluß auf die Gestaltung eines entsprechenden Lötwerkzeuges nimmt, werden die Anforderungen an das Lötverfahren und an das entsprechende Lötwerkzeug zusammengefasst betrachtet.

4.3.1 Anforderungen an Lötverfahren und Lötwerkzeug

Das Lötwerkzeug vereinigt in sich die drei Funktionsmodule Energiezuführung, Lotzuführung und Flußmittelzuführung, deren Auswahl das Lötverfahren maßgeblich bestimmt. Dementsprechend werden die Anforderungen in <u>Bild 4.3</u> gegliedert.

<table>
<tr><td colspan="2" align="center">Anforderungen an Lötverfahren und Lötwerkzeug</td></tr>
<tr><td colspan="2"><u>Energiezuführung zur Werkstück- und Loterwärmung</u>

☐   Hohe Energiedichte, Hohe Übertragungsleistung, Geringer Energieverlust
☐   Örtlich begrenzte, beschädigungsfreie Werkstückerwärmung
☐   Verschleißarmer Wärmeübertragungsmechanismus
☐   Temperaturbestimmung an der Lötnaht, Vermeiden von Überhitzungen
☐   Kompakte Bauweise bzw. Gestalt des Energieübertragers</td></tr>
<tr><td colspan="2"><u>Lotzuführung in die Lötnaht</u>

☐   Kontinuierliche, positionsgenaue Lotzuführung
☐   Exakte Dosierbarkeit, steuer- bzw. regelbare Zuführgeschwindigkeit
☐   Verwendung von handelsüblichem Lot
☐   Lotzuführung simultan zum Lötprozeß (kein separater Arbeitsschritt)</td></tr>
<tr><td colspan="2"><u>Flußmittelzuführung in die Lötnaht</u>

☐   Kontinuierlicher, positionsgenauer Auftrag in den Lötstoß
☐   Genaue, zuverlässige Dosierbarkeit
☐   Verwendung von handelsüblichem Flußmittel
☐   Flußmittelauftrag simultan zum Lötprozeß (kein separater Arbeitsschritt)</td></tr>
<tr><td colspan="2"><u>Allgemeiner Werkzeugaufbau</u>

☐   Integration der Funktionsmodule Energie-, Lot- und Flußmittelzuführung
☐   Kompakte Bauweise bei geringem Werkzeuggewicht (< 5 kg)
☐   Modularer Aufbau möglichst aus marktgängigen Komponenten
☐   Reproduzierbare Einstellung von Prozeßparametern</td></tr>
</table>

<u>Bild 4.3:</u>   Anforderungen an Lötverfahren und Lötwerkzeug zum Verloten von Hochfrequenz-Blechgehäusen

4.3.2 Anforderungen an die Bereitstellung der Hilfsstoffe

Als Hilfsstoffe sind hier das Lot und das Flußmittel definiert. Diese beiden Komponenten müssen für das geforderte bedienerlose Arbeitsintervall von 8 Stunden in ausreichender Menge automatisiert bereitgestellt werden. (Bild 4.4).

Anforderungen an die Hilfsstoffbereitstellung

❏ Automatisierte Bereitstellung von minimal: ◆ 3,7 kg Lot/Schicht

◆ 0,12 kg Flußmittel/Schicht

❏ Automatisierte Zuführung der Hilfsstoffe ins Lötwerkzeug

❏ Überwachung der Speichermenge und Bedienerruf bei Mindestmengenunterschreitung

❏ Einsatz von handelsüblichen Lotformen und -gebinden

❏ Einfacher manueller Befüllvorgang

Bild 4.4: Anforderungen an die Bereitstellung von Lot und Flußmittel

4.3.3 Anforderungen an die Werkstückaufspannung

Die Konfiguration der Aufspannvorrichtung für die Werkstücke wird bestimmt vom Aufbau der zu lötenden Gehäuse und von Lage und Orientierung der Lötnähte. Die Aufspannvorrichtung bildet zusammen mit dem Handhabungssystem das Bewegungssystem, das das Abfahren der Nähte in prozeßgünstiger Lage gewährleisten muß, den Lötprozeß ansonsten jedoch nicht beeinflussen darf (Bild 4.5).

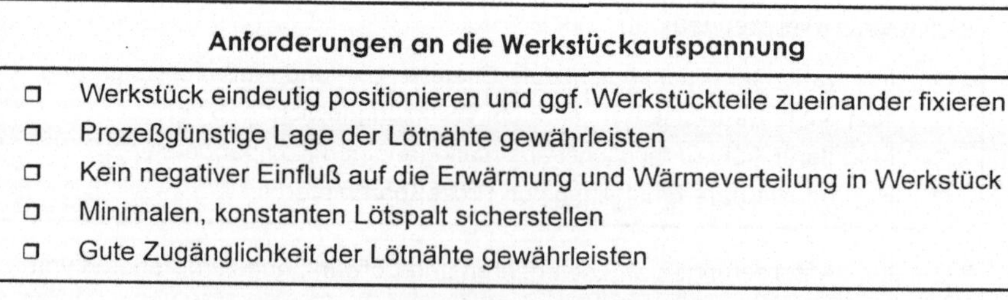

Anforderungen an die Werkstückaufspannung

❏ Werkstück eindeutig positionieren und ggf. Werkstückteile zueinander fixieren

❏ Prozeßgünstige Lage der Lötnähte gewährleisten

❏ Kein negativer Einfluß auf die Erwärmung und Wärmeverteilung in Werkstück

❏ Minimalen, konstanten Lötspalt sicherstellen

❏ Gute Zugänglichkeit der Lötnähte gewährleisten

Bild 4.5: Anforderungen an die Aufspannung für Hochfrequenz-Blechgehäuse

4.3.4 Anforderungen an das Handhabungssystem

Die hier definierten Anforderungen beziehen sich auf die Durchführung des kontinuierlichen Lötprozesses, wobei die Erzeugung der Relativbewegung zwischen Lötwerkzeug und Werkstück im Vordergrund steht. Zusätzliche Handhabungsfunktionen können je nach Gesamtkonzeption mit übernommen werden.

Anforderungen an das Handhabungssystem
☐ Minimale Anzahl der frei programmierbaren Achsen: 4
☐ Minimales Handhabungsgewicht: 50 N
☐ Positioniergenauigkeit: ± 0,05 mm
☐ Bahnsteuerung mit programmierbarer Bahngeschwindigkeit: 1... 50 mm/s
☐ Steuerung mit digitalen Ein-/Ausgängen zur Werkzeugsteuerung

Bild 4 6: Anforderungen an das Handhabungssystem zum Bahnlöten

4.4 Ableitung von Forschungs- und Entwicklungsschwerpunkten

Die Analyse der Aufgabenstellung und die Definition der Anforderungen lassen die hauptsächlichen Betätigungsfelder für Forschung und Entwicklung in diesem Bereich deutlich werden. Hier muß die konzeptionelle Erarbeitung eines Lotverfahrens mit den entsprechenden Funktionseinheiten als zentrale Aufgabenstellung im Vordergrund stehen In der Folge gilt es, die optimale Grundkonfiguration von Verfahren und Werkzeug zu entwickeln und die Abhängigkeit der Ergebnisqualität von den Verfahrensparametern zu untersuchen. Dies bedarf einer grundlegenden theoretischen und experimentellen Erforschung der Prozeß-Einflußgrößen und ihrer gegenseitigen Abhängigkeiten.

5 Konzeption des Bahnlötverfahrens und der Teilsysteme für das Lötsystem

5.1 Konzeption des Bahnlötverfahrens

Das Bahnlötverfahren zur flexibel automatisierten, kontinuierlichen Herstellung von Lötnähten an Hochfrequenz-Blechgehäusen wird bestimmt durch:

- Die Energiezuführung und -übertragung zur Erwärmung der Lötnaht auf Löttemperatur.

- Die Zuführung und Dosierung der Hilfsstoffe (Lot u. Flußmittel) in die Lötnaht.

Fur diese Funktionen werden zunächst Lösungsmöglichkeiten aufgezeigt und auf ihre Eignung überprüft. Geeignete Lösungen werden ausgewählt und zu einem Verfahren kombiniert.

5.1.1 Teilsystem zur Energiezuführung in die Lötnaht

Resultierend aus den in Kapitel 4.3.1 aufgestellten Anforderungen, kommen für die kontinuierlich fortschreitende Erwärmung der Lötnaht hauptsächlich Energiequellen mit berührungslosem Wärmeübertragungsmechanismus in Betracht. Die hier untersuchten Energiequellen Laser, Mikroflamme und Heißluft sind in <u>Bild 5.1</u> dargestellt.

Unter den am Markt verfügbaren Lasertypen wurde ein Nd:YAG-Laser ausgewählt, dessen Strahlung durch seine Wellenlänge von 1,06 μm von metallischen Werkstoffen besser absorbiert wird als zum Beispiel die eines CO_2-Laser's. Zudem bietet diese Wellenlänge den Vorteil, daß handelsübliche Optik-Komponenten und Glasfaserkabel zur Weiterleitung und Positionierung des Laserstrahles Verwendung finden können, die in großer Auswahl zur Verfügung stehen /42,51,52/.

Für die Erzeugung der Mikroflamme wurde ein Wasserstoff-Sauerstoff-Gasgemisch gewählt, das vor Ort mit einem elektrolytisch arbeitenden, mehrzelligen Gasgenerator hergestellt wird.

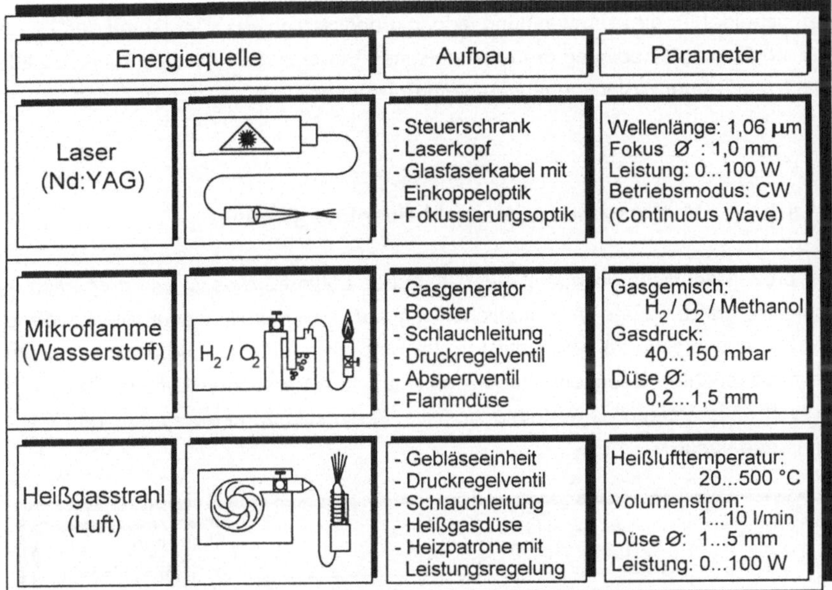

Energiequelle		Aufbau	Parameter
Laser (Nd:YAG)		- Steuerschrank - Laserkopf - Glasfaserkabel mit Einkoppeloptik - Fokussierungsoptik	Wellenlänge: 1,06 μm Fokus $\varnothing$: 1,0 mm Leistung: 0...100 W Betriebsmodus: CW (Continuous Wave)
Mikroflamme (Wasserstoff)	H_2 / O_2	- Gasgenerator - Booster - Schlauchleitung - Druckregelventil - Absperrventil - Flammdüse	Gasgemisch: H_2 / O_2 / Methanol Gasdruck: 40...150 mbar Düse $\varnothing$: 0,2...1,5 mm
Heißgasstrahl (Luft)		- Gebläseeinheit - Druckregelventil - Schlauchleitung - Heißgasdüse - Heizpatrone mit Leistungsregelung	Heißlufttemperatur: 20...500 °C Volumenstrom: 1...10 l/min Düse $\varnothing$: 1...5 mm Leistung: 0...100 W

Bild 5.1: Energiequellen zur berührungslosen Wärmeübertragung

Das im Volumenverhältnis von 2 (H_2) / 1 (O_2) gewonnene Gasgemisch wird in einem Spülbehälter mit Methanoldämpfen angereichert. Dadurch ergibt sich im Flammenzentrum eine Temperatur von ca. 2700 °C /53/. Der Volumenstrom des Gasgemisches und somit die Heizleistung der Mikroflamme ist über den Gasdruck und den variierbaren Brennerdüsendurchmesser bestimmbar.

Bei dem verwendeten handelsüblichen Heißluftgerät wird über eine Pumpe Umgebungsluft angesaugt und über eine Zuleitung dem Düsenkopf zugeführt. Beim Durchströmen des Düsenkopfes wird der Luftstrom über eine Heizwendel kurz vor dem Austritt durch die Düse stark erwärmt. Der Volumenstrom wird über ein Druckregelventil und die verwendete Düsengröße bestimmt. Die Leistung der Heizwendel ist baugrößenbedingt auf maximal 100 W begrenzt /51/. Bei maximaler Leistung und maximalem Volumenstrom von 10 l/min ergibt sich so eine Gastemperatur von ca. 370 °C.

Die Möglichkeit der Induktionserwarmung durch ein hochfrequentes Wechselfeld einer Spule stellt eine weitere Möglichkeit der berührungslosen Energieübertragung dar, scheidet für diese Anwendung jedoch grundsätzlich aus. Der Grund dafür liegt in der möglichen Schädigung der elektronischen Bauteile /32/, die sich in den zu lötenden Hochfrequenz-Blechgehäusen befinden können.

5.1.1.1 Vorversuche zur Auswahl einer Energiequelle

Zur prozeßtechnisch optimalen Gestaltung des Lötverfahrens ist es erforderlich eine schnelle, gleichmäßige und möglichst eng auf die Lötstelle begrenzte Erwärmung der Gehäusebleche zu gewährleisten. Im Hinblick auf diese Anforderungen wurden die ausgesuchten Energiequellen in realitätsnahen Versuchen auf ihre Eignung untersucht. Die Versuchsanordnung und die Versuchsparameter sind in Bild 5.2 zusammengestellt.

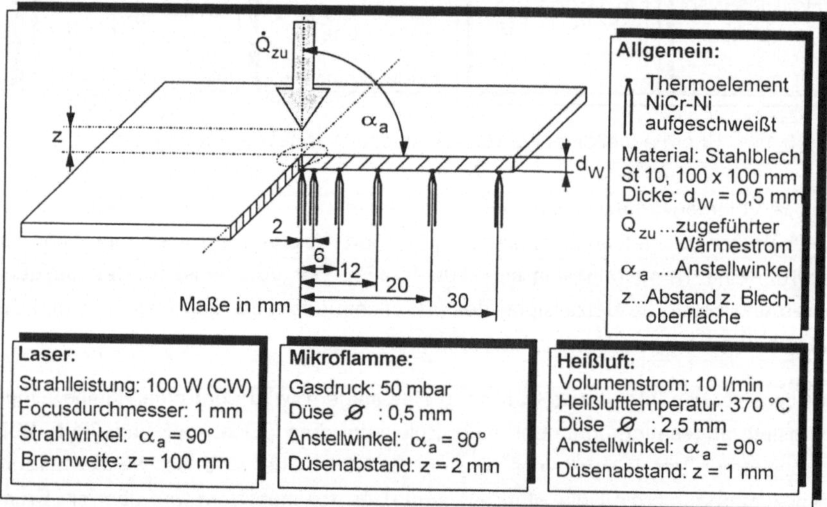

Bild 5 2:   Versuchsanordnung zur Untersuchung der Wärmeübertragung

Die Leistung liegt bei allen drei Energiequellen im Bereich von 100 W, so daß ein qualitativer Vergleich der erreichbaren Maximaltemperatur und der korrespondierenden Wärmeverteilung im Blech durchgeführt werden kann. Die Temperaturwerte im Blech wurden mit Hilfe von aufgeschweißten Thermoelementen erfaßt, die auf der Unterseite des Bleches aufgeschweißt wurden. Diese Art der Temperaturmessung wurde gewählt, weil so die Massen der Sensoren sehr klein gehalten werden können. Die Einflüsse auf das Meßergebnis durch die Wärmekapazität der Sensoren wird damit vernachlässigbar. Zum Schutz der Sensoren vor Überhitzung wurden diese auf der Unterseite der Versuchsbleche angebracht. Da nur eine vergleichende Betrachtung der verschiedenen Energiequellen angestellt werden soll und aufgrund der geringen Blechdicke, wird der Temperaturgradient über die Blechdicke bei diesen Betrachtungen vernachlässigt.

Wie die aufgenommenen in <u>Bild 5.3</u> gezeigten Temperaturverläufe im Versuchsblech zeigen, liegen die erreichbaren Maximaltemperaturen im Erwärmungszentrum nach einer Heizdauer von t_H= 1 s mit ca. 500 °C beim Laser am höchsten. Mit der Mikroflamme werden ca. 375 °C und mit Heißluft nur ca. 95 °C erreicht.

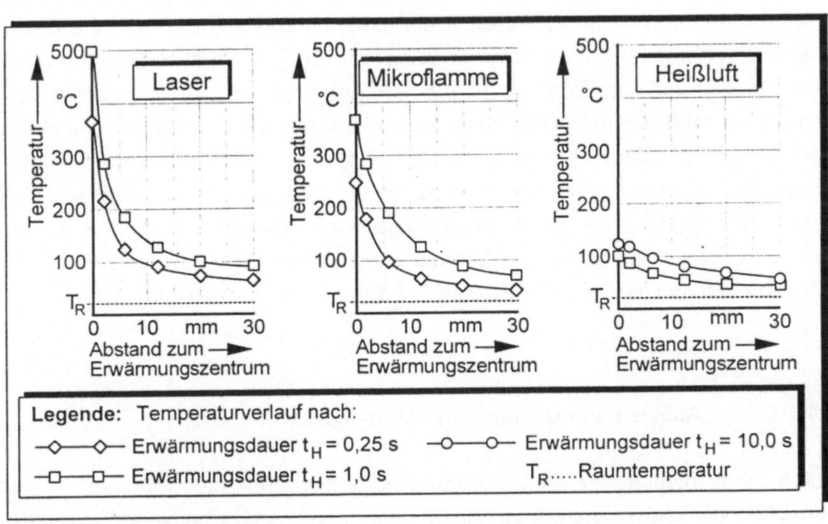

<u>Bild 5 3:</u>   Temperaturverläufe im Blech bei Erwärmung mit unterschiedlichen Energiequellen

Beim Laser beruht die Erwärmung des Bleches auf der Absorption der Strahlung im Bereich des Fokusdurchmessers, was eine sehr kleine Wärmeübertragungszone bei gleichzeitig hoher Energiedichte zur Folge hat. Dies zeigt sich in dem sehr steilen Temperaturkurvenverlauf zum Erwärmungszentrum hin, der eine eng begrenzte

Wärmeeinflußzone ergibt. Die Erwärmung des Bleches um das Erwärmungszentrum herum erfolgt hier ausschließlich durch Wärmeleitung im Blech /54/. Die Energieeinkopplung und somit die in Wärme umgewandelte Strahlungsenergie wird durch den Absorptionsgrad bestimmt, der durch die variierende Oberflächenbeschaffenheit technischer Oberflächen großen Schwankungen unterworfen ist /55/.

Der Wärmetransport der Mikroflamme erfolgt durch ein strömendes, chemisch reagierendes Gasgemisch. Beim Auftreffen der Gasströmung auf die Blechoberfläche bildet sich eine Staupunktströmung mit laminarer Grenzschicht aus, in welcher der Wärmetransport durch Konvektion erfolgt /56, 57/. Daraus ergibt sich eine größere Wärmeübertragungszone bei geringerer Energiedichte und der im Vergleich zum Laser flacher verlaufende Temperaturkurvenverlauf.

Bei der Erwärmung mit Hilfe eines Heißgasstromes erfolgt die Wärmeübertragung ebenfalls durch Konvektion, jedoch findet dabei im Gas keine chemische Reaktion statt. Der Wärmetransport ist hier vor allem von der Temperaturdifferenz zwischen dem Heißgas und den Werkstückoberflächen abhängig. Da die Temperaturdifferenz hier naturgemäß wesentlich kleiner ist als beim Einsatz der Mikroflamme, ist auch die übertragene Wärmemenge niedriger. Mit steigender Blechtemperatur nimmt die Temperaturdifferenz weiter ab, so daß immer weniger Wärme übertragen wird. Gleichzeitig fließt jedoch Wärme in die umgebenden Blechbereiche ab, was sich im niedrigen Niveau und flachen Verlauf der Temperaturkurve zeigt. Um die Lottemperatur zu erreichen muß ein Gerät größerer Leistung zum Einsatz kommen.

5.1.1.2   Auswahl der geeigneten Energiequelle

Außer dem Kriterium der Wärmeübertragungsleistung und dem Temperaturkurvenverlauf im Werkstück sind bei der Auswahl der geeigneten Energiequelle zusätzlich die Gesichtspunkte Baugröße, Zugänglichkeit der Lötnaht und die Wirtschaftlichkeit zu berücksichtigen. In <u>Bild 5.4</u> sind diese zusammgefaßt dargestellt und durch paarweisen Vergleich bewertet. Die Bewertung ergibt eine eindeutige Entscheidung zugunsten der **Mikroflamme** die in den weiteren Betrachtungen zur Verfahrens- und Werkzeugkonzeption zugrundegelegt wird.

Kriterium	Energie-quelle	Bewertung durch paarweisen Vergleich			
		Beschreibung	Laser	Mikroflamme	Heißluft
Wärme-übertragung		hohe Temperatur in kurzer Zeit, kleine Wärmeübertragungszone		0	0
		ausreichend hohe Temperatur in kurzer Zeit, mittlere Wärmeübertragungszone	2		0
		niedrige Maximaltemperatur sehr flacher Temperaturkurvenverlauf	2	2	
Baugröße		Laseroptik baut relativ groß, Abstand zur Lötstelle durch Brennweite best.		2	0
		Flammdüse baut sehr klein, Gaszu-leitung über flexiblen Schlauch	0		0
		steigende Baugröße bei steigender Leistung	2	2	
Nahtzugang		Nahtzugang auf optisch gerader Linie bei Innennähten eingeschränkt		2	0
		durch Absetzen der Brennerdüse auch enge Innenräume zugänglich	0		0
		Nahtzugang durch Baugröße des Heizelementes eingeschränkt	2	2	
Wirtschaft-lichkeit		hohe Investitionskosten, hohe Betriebskosten		2	2
		niedrige Investitionskosten, niedrige Betriebskosten	0		1
		niedrige Investitionskosten, niedrige Betriebskosten	0	1	
		Summe	8	13	3
		Ausgewählt			

Legende:
0...schlechter als — Laser
1...gleich — Mikroflamme
2...besser als — Heißluft

Bild 5.4: Bewertung und Auswahl der geeigneten Energiequelle

5.1.2 Zuführung von Lot und Flußmittel in die Lötnaht

Bei der Zuführung von Lot und Flußmittel in die Lötnaht ergeben sich unterschiedli-che Moglichkeiten dadurch, daß Lot und Flußmittel getrennt oder kombiniert zuge-führt werden können Weitere Variationen ergeben sich durch den Ort der Zufuhrung bezogen auf das Erwärmungszentrum der Mikroflamme, der eine direkte bzw. indi-

rekte Erwärmung der Hilfsstoffe ergibt. Je nach Kombination dieser Möglichkeiten
ergeben sich unterschiedliche Hilfsstoff-Zuführungskonzepte, die in <u>Bild 5.5</u> dargestellt und anhand der gestellten Anforderungen bewertet werden.

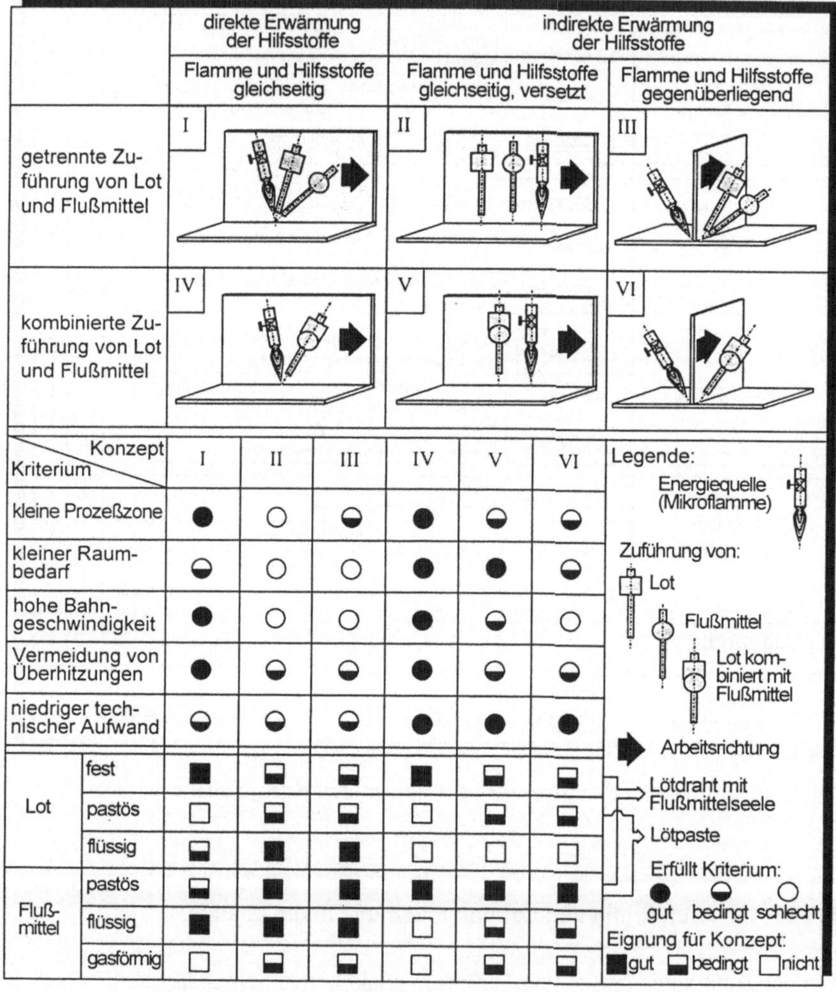

<u>Bild 5.5:</u>   Bewertung alternativer Hilfsstoff-Zuführungskonzepte und verfügbarer
Hilfsstofformen

Darüberhinaus ist zu beachten, daß sowohl Lote als auch die Flußmittel in verschiedenen Formen vorliegen, die sich für die einzelnen Zuführkonzepte unterschiedlich eignen. Dies ist ebenfalls in <u>Bild 5.5</u> dargestellt, so daß nach Auswahl des Zuführkonzeptes die geeigneten Lot und Flußmittelformen zugeordnet werden können.

Bei der Bewertung der einzelnen Zuführkonzepte wurde davon ausgegangen, daß sich bei direkter und somit zeitgleicher Erwärmung von Werkstück, Flußmittel und Lot im Zentrum der Mikroflamme die kleinst mögliche Prozeßzone ergibt. Werden für das Erwärmungszentrum, Flußmittel- und Lotzuführung verschiedene Orte auf dem Werkstück gewählt vergrößert sich auch die Prozeßzone entsprechend.

Bei indirekter Erwärmung von Lot und Flußmittel über das Werkstück muß die dazu notwendige Energie zunächst in das Werkstück eingebracht werden. Dies macht eine überhöhte Temperatur im Erwärmungszentrum erforderlich, wodurch zum einen die Wärmeverluste durch Wärmeleitung im Blech ansteigen und zum anderen die Gefahr der thermischen Schädigung der Werkstoffe bzw. der Werkstoffoberflächen erhöht wird.

Eine weitere Folge der notwendigen überhöhten Werkstücktemperatur ist bei gleicher Flammleistung eine langsamere Bahngeschwindigkeit. Dies ist die Folge aus dem überproportional erhöhten Energiebedarf der aus den erhöhten Energieverlusten an der Lötstelle resultiert.

Die getrennte Zuführung von Lot und Flußmittel hat durch die Anordnung von zwei Zuführeinheiten in jedem Falle einen erhöhten Raumbedarf in unmittelbarer Umgebung der Lötstelle zur Folge. Dies kann sich bei den definierten Minimalabmessungen von Gehäuse-Innenfächern nachteilig auf die Zugänglichkeit der Nähte durch das Lötwerkzeug auswirken. Gleichzeitig ergibt sich ein erhöhter technischer Aufwand durch die Notwendigkeit separater Zuführsysteme.

Wie in <u>Bild 5.5</u> abgelesen werden kann, werden die gestellten Anforderungen bei einer direkten Erwärmung und kombinierter Zuführung von Lot und Flußmittel am besten erfüllt. Dies entspricht der **Konzeptvariante IV**, die bei den weiteren Untersuchungen zugrundegelegt wird.

Die Lot- und Flußmittelformen, die sich für das ausgewählte Hilfsstoff-Zuführungskonzept am besten eignen sind festes Lot und pastöses Flußmittel das in kombinierter Form als **Lötdraht mit Flußmittelseele** in großer Auswahl zur Verfügung steht.

Diese Form von Lot-Flußmittel-Kombination hat besonders bei der direkten Zuführung in das Erwärmungszentrum entscheidende Vorteile. Einer dieser Vorteile liegt in der Eigenstabilität des Lötdrahtes, die es erlaubt Lot und Flußmittel über eine bestimmte freie Länge ohne zusätzliche Führung in das Erwärmungszentrum zu führen. Dadurch kann eine unerwünschte Wärmeübertragung auf Werkzeugkomponenten weitgehend vermieden werden. Ein weiterer Vorteil besteht darin, daß das Flußmittel im Inneren des Lötdrahtes nicht sofort in direkte Berührung mit der Flamme kommt und so die Gefahr der Überhitzung verringert wird. Ein zusätzlicher Vorteil kann darin gesehen werden, daß eine Auswahl verschiedener Systeme zur Förderung von Lötdrähten am Markt verfügbar ist, auf die bei der Gestaltung eines Werkzeuges zurückgegriffen werden kann.

5.1.3   Anordnungssystem für Brennerdüse und Lötdrahtzuführung

Die Anordnung von Brennerdüse und Lötdrahtzuführung, die in der Folge auch als Lötkopf bezeichnet wird, muß an Lage und Orientierung der Lötnähte in bezug auf die Lotnaht und das Bezugssystem angepaßt werden können. Dies wird erforderlich durch die Herstellung von Lötnähten an Zarge, Deckel, Boden und in den Innenfächern der Gehäuse, unter der Voraussetzung, daß eine bestimmte Anordnung von Brennerdüse und Lötdrahtzuführung zur Optimierung der Lötergebnisse erforderlich ist. Die zugrundegelegten Minimalabmessungen der Gehäuse-Innenfächer erfordern darüber hinaus eine sehr kompakte Bauweise des Lötkopfes.

In Bild 5.6 sind die möglichen Konzeptalternativen zur Anpassung der Lötkopforientierung an unterschiedliche Lötnahtlagen dargestellt und vergleichend bewertet.

Hauptkriterium bei der Bewertung ist die Zugänglichkeit der Lötnähte in engen Gehäuse-Innenfächern, die zum einen von den Störkonturen des Werkzeuges und zum anderen vom kompakten Aufbau des Lötkopfes selbst abhängig ist. Ein weiteres wichtiges Kriterium ist die mögliche Anzahl und die Möglichkeit der Erweiterung der realisierbaren Anordnungskonfigurationen. Die Abstufung der Wichtigkeit der Beurteilungskriterien wird durch Gewichtungsfaktoren wiedergespiegelt, die mit Hilfe eines paarweisen Vergleiches ermittelt wurden.

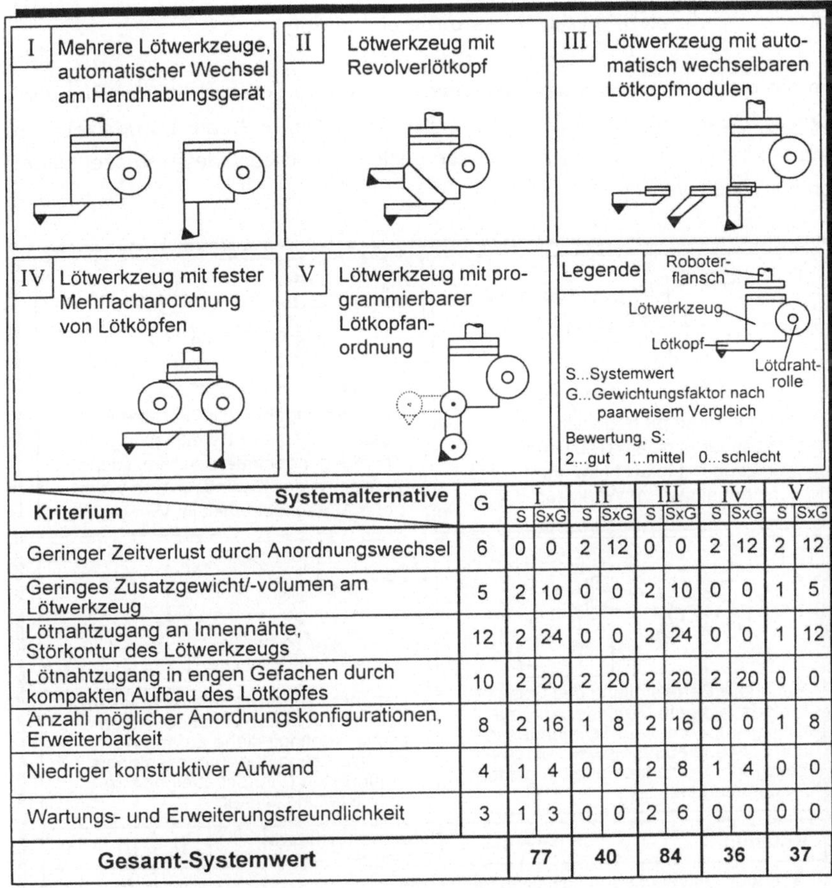

Kriterium / Systemalternative	G	I S	I SxG	II S	II SxG	III S	III SxG	IV S	IV SxG	V S	V SxG
Geringer Zeitverlust durch Anordnungswechsel	6	0	0	2	12	0	0	2	12	2	12
Geringes Zusatzgewicht/-volumen am Lötwerkzeug	5	2	10	0	0	2	10	0	0	1	5
Lötnahtzugang an Innennähte, Störkontur des Lötwerkzeugs	12	2	24	0	0	2	24	0	0	1	12
Lötnahtzugang in engen Gefachen durch kompakten Aufbau des Lötkopfes	10	2	20	2	20	2	20	2	20	0	0
Anzahl möglicher Anordnungskonfigurationen, Erweiterbarkeit	8	2	16	1	8	2	16	0	0	1	8
Niedriger konstruktiver Aufwand	4	1	4	0	0	2	8	1	4	0	0
Wartungs- und Erweiterungsfreundlichkeit	3	1	3	0	0	2	6	0	0	0	0
Gesamt-Systemwert		**77**		**40**		**84**		**36**		**37**	

Bild 5.6: Konzeptalternativen für das Anordnungssystem für Brennerdüse und Lötdrahtzuführung

Da ein Wechsel der Lötkopfanordnung nicht nach jeder Einzelnaht vorgenommen werden muß, sondern zum Beispiel für alle Zargennähte die gleiche bleiben kann, ergibt sich hierfür nur eine mittlere Gewichtung

Aufgrund der Bewertung wird **Konzeptalternative III**, die auf automatisch wechselbaren Lötkopfmodulen beruht und Vorteile vor allem bei der Nahtzugänglichkeit und der Erweiterbarkeit aufweist ausgewählt.

5.2   Konzeption der Hilfsstoffbereitstellung

Um die in den Anforderungen definierte erforderliche Lot- und Flußmittelmengen in Form von Lotdraht mit Flußmittelseele bereitzustellen und dem Lötwerkzeug zuzuführen, können die in <u>Bild 5.7</u> gegenübergestellten und bewerteten Konzeptalternativen entwickelt werden.

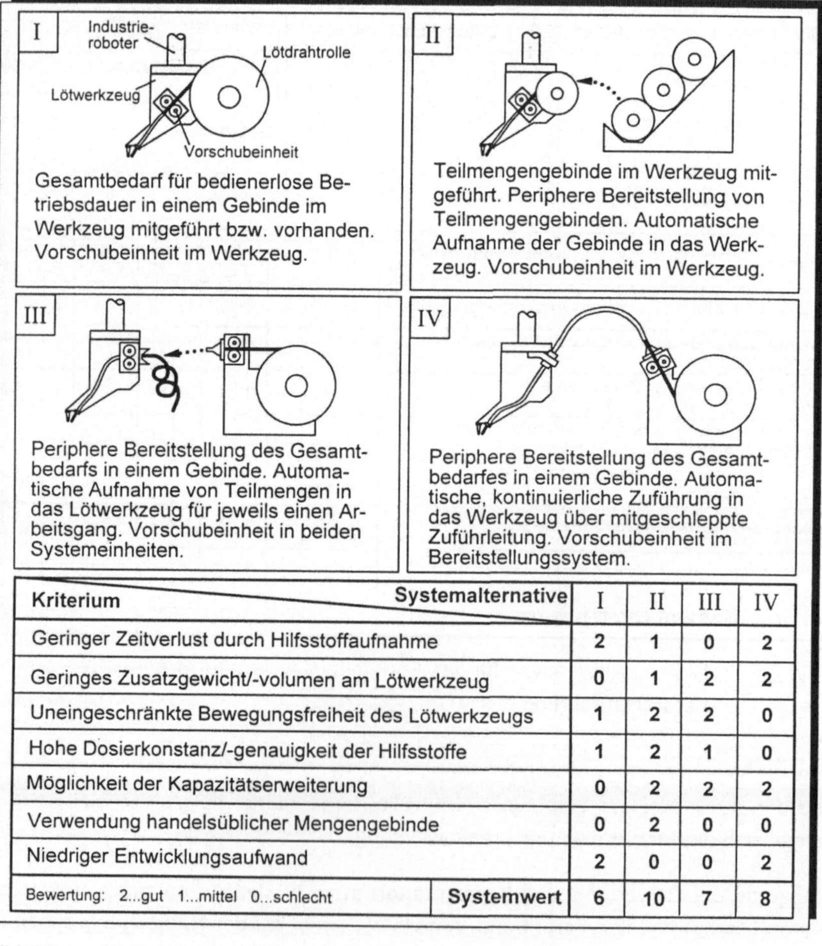

Kriterium	Systemalternative I	II	III	IV
Geringer Zeitverlust durch Hilfsstoffaufnahme	2	1	0	2
Geringes Zusatzgewicht/-volumen am Lötwerkzeug	0	1	2	2
Uneingeschränkte Bewegungsfreiheit des Lötwerkzeugs	1	2	2	0
Hohe Dosierkonstanz/-genauigkeit der Hilfsstoffe	1	2	1	0
Möglichkeit der Kapazitätserweiterung	0	2	2	2
Verwendung handelsüblicher Mengengebinde	0	2	0	0
Niedriger Entwicklungsaufwand	2	0	0	2
Bewertung: 2...gut 1...mittel 0...schlecht **Systemwert**	**6**	**10**	**7**	**8**

<u>Bild 5.7:</u>   Konzeptalternativen für die Hilfsstoffbereitstellung

Die Bewertungskriterien lassen sich aus den Anforderungen an das Gesamtsystem sowie an die beteiligten Teilsysteme ableiten. Die Bewertung ergibt den höchsten Systemwert für **Konzeptalternative II**, die als Grundlage für die weitere Entwicklung des Bereitstellungssystems für die Hilfsstoffe dient. Die bei diesem Konzept technisch zu realisierenden Teilfunktionen sind:

- Hilfsstoffe bevorraten, bunkern,
- Teilmengengebinde vereinzeln,
- Teilmengengebinde in das Lötwerkzeug übergeben und
- Lötdraht in Vorschubeinheit einführen.

Konstruktion und Aufbau des Bereitstellungssystems sind dabei an den Aufbau des Lötwerkzeuges als primäres Teilsystem anzupassen.

5.3   Konzeption des Bewegungssystems

Zum Abfahren der Lötnähte an den Gehäusen und zur Bestimmung der Lötnahtorientierung während des Lötprozesses können unterschiedliche Konzepte für Bewegungssysteme entwickelt werden. Je nach Anzahl, Art und Kombination von programmierbaren bzw. positionierbaren Bewegungsachsen in der Aufspannvorrichtung bzw. in der Handhabungsvorrichtung für das Lötwerkzeug ergeben sich sehr unterschiedliche Gesamtkonfigurationen.

Grundsätzlich können die in <u>Bild 5 8</u> dargestellten Kombinationen aus den jeweiligen Grundkonfigurationen entwickelt werden.

Werkstuck / Lotwerkzeug	raumfest aufgespannt, Änderung der Nahtorientierung durch Um -spannen	mit Aufspannvorrichtung um vorgegebene Raumwinkel schwenkbar	mit Aufspannvorrichtung bahngesteuert im Raum bewegt
raumfest montiert	Relativ-Bahnbewegung nicht möglich	Relativ-Bahnbewegung nicht möglich	Konzeptalternative I
bahngesteuert bewegt	Konzeptalternative II	Konzeptalternative III	Konzeptalternative IV

<u>Bild 5 8·</u>   Konzeptalternativen zur Erzeugung der Relativ-Bahnbewegung zwischen Werkzeug und Werkstück

Die Bewertung der Konzeptalternativen wird in <u>Bild 5.9</u> mit Hilfe des paarweisen Vergleiches vorgenommen. Die Bewertungskriterien ergeben sich zum Teil aus den Anforderungen an das Gesamtsystem und an die Teilsysteme, da die Konfiguration des Bewegungssystems übergreifenden Einfluß ausübt.

Kriterium		Bewertung der Konzeptalternativen durch paarweisen Vergleich				
		Beschreibung/Kommentar	I	II	III	IV
Produkt-flexibilität	I	eingeschränkt durch fixierte Lötwerkzeugorientierung		1	2	2
	II	eingeschrankt durch vorgegebene Nahtorientierungen	1		2	2
	III	ausreichend für mogliche Nahtlagen an Gehäusen	0	0		2
	IV	maximale Produktflexibilität	0	0	0	
Lotprozeß-optimierung	I	eingeschrankt durch fixierte Lötwerkzeugorientierung		1	2	2
	II	eingeschränkt durch vorgegebene Nahtorientierungen	1		2	2
	III	ausreichend für mogliche Nahtlagen an Gehäusen	0	0		2
	IV	bestmogliche Prozeßoptimierung	0	0	0	
Taktzeit-einfluß	I	gering durch Aufnehmen und Ablegen der Werkstucke		0	2	2
	II	groß durch Umspannvorgange der Werkstücke	2		2	2
	III	minimal durch parallele Orientierungsänderung	0	0		1
	IV	minimal durch parallele Orientierungsanderung	0	0	1	
Entwicklungs-aufwand Lotwerkzeug	I	gering durch Verwendung von Standardkomponenten		0	0	0
	II	zusatzliche Anforderungen durch Handhabung	2		1	1
	III	zusatzliche Anforderungen durch Handhabung	2	1		1
	IV	zusatzliche Anforderungen durch Handhabung	2	1	1	
Technischer Aufwand Aufspannung	I	erhöht durch Handhabung der Aufspannung		2	2	1
	II	wenig erhöht, da mehrere Aufspannungen notwendig	0		2	0
	III	gering durch einfache Kinematik zur Umorientierung	0	0		0
	IV	erhoht durch Handhabung der Aufspannung	1	2	2	
Technischer Aufwand Handhabung	I	minimal 6-achsige Bewegungskinematik erforderlich		0	2	0
	II	Zusatzkinematik für Umspannvorgänge notwendig	2		2	0
	III	einfache Bewegungskinematik + 2 Schwenkachsen	0	0		0
	IV	komplexe, verteilte Bewegungskinematik	2	2	2	
Legende: 0 schlechter als 1 gleich 2 besser als		Systemwert	15	10	**27**	20

<u>Bild 5.9:</u>   Vergleichende Bewertung von Bewegungssystemkonfigurationen

Die Bewertung ergibt einen klaren Vorteil für **Konzeptvariante III**, die sich aus einer um vorgegebene Raumwinkel schwenkbaren Aufspannvorrichtung und einem bahngesteuert bewegten Lötwerkzeug zusammensetzt. Dieser Aufbau wird bei allen weiteren Betrachtungen zugrunde gelegt.

5.3.1 Bahnführung des Lötwerkzeuges

Zur Handhabung des Lötwerkzeuges kann zum Beispiel ein Industrieroboter in Portalkonfiguration eingesetzt werden, der sich aufgrund seines kartesischen Grundaufbaus aus Linearachsen, X_R-, Y_R- und Z_R-Achse, und des sich daraus ergebenden Arbeitsraumes besonders für diesen Einsatzfall eignet (Bild 5.10). Zur Orientierung des Lötwerkzeuges in die jeweilige Arbeitsrichtung ist eine Drehachse, C_R-Achse, erforderlich, welche die Drehung um die Z-Achse ermöglicht. Eine zusätzliche Handachse, D_R-Achse, die eine Anpassung der Lötwerkzeugorientierung an unterschiedliche Nahtdrehwinkel erlaubt ist nicht notwendig erforderlich, erhöht jedoch die Produktflexibilität bzw. ermöglicht unter Umständen eine bessere Prozeßoptimierung.

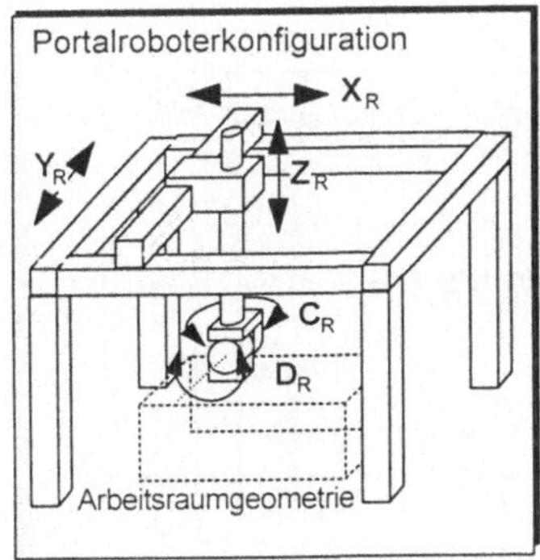

Bild 5.10: Roboterkonfiguration

5.3.2 Aufspannvorrichtung für die Werkstücke

Um bei dem ausgewählten Bewegungssystemkonzept eine vorteilhafte einheitliche Orientierung der Lötnähte eines Blechgehäuses beim Lötvorgang zu gewährleisten, muß das Werkstück mit Hilfe der Aufspannvorrichtung jeweils in die entsprechende Lage gedreht werden. Unter Zugrundelegung der möglichen Nahtorientierungen am Blechgehäuse und der Wannenlage ($\rho_B = 90°$) als vorteilhafte Lötnahtorientierung ergibt sich die notwendige Schwenkachsenkombination und die erforderlichen Schwenkwinkel der Werkstückaufspannung. Zur Verdeutlichung sind diese in der Übersicht in Bild 5.11 bildlich dargestellt. Die Vorrichtung führt Schwenkbewegungen um zwei senkrecht aufeinander stehende Achsen durch. Die erste Achse ermöglicht die Schwenkung des Aufspanntellers von der horizontalen in vertikale Lage. Die zweite Achse ermöglicht die Drehung des Aufspanntellers um seine Hochachse.

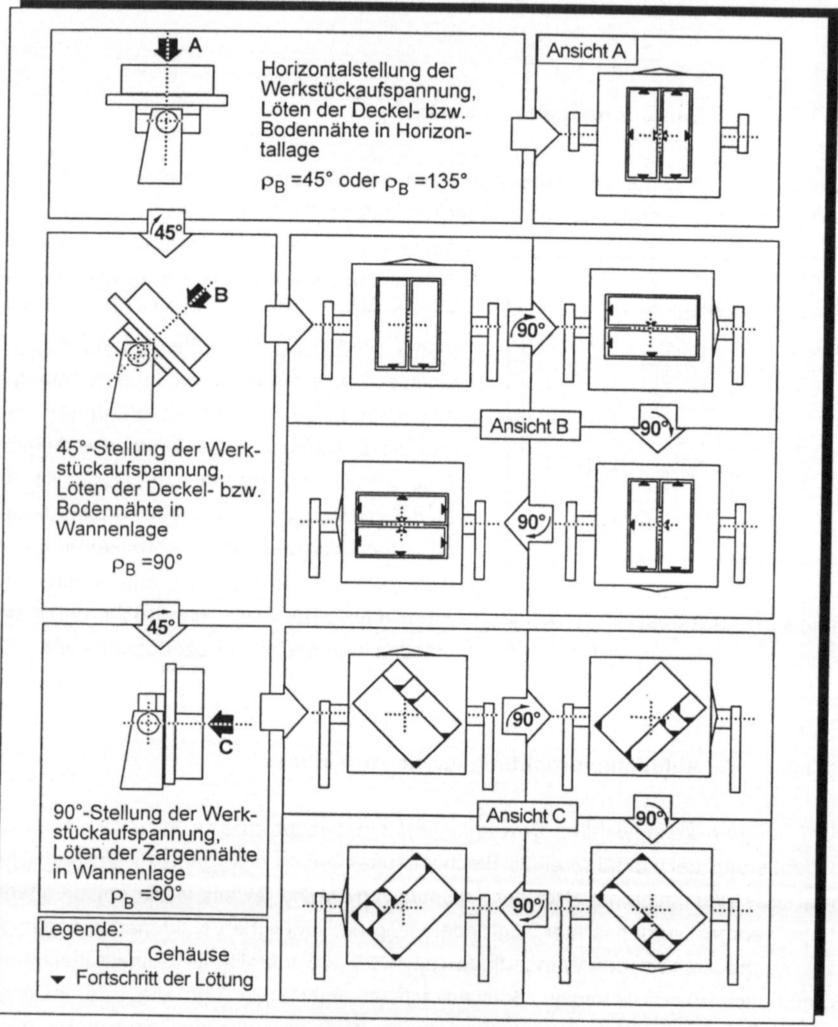

<u>Bild 5.11:</u> Schwenkwinkel der Aufspannvorrichtung

6   Bestimmung der Hauptverfahrensparameter

Die Qualität des Lötprozesses wird maßgeblich von der Gestaltung des Temperaturverlaufes an der Lötstelle bestimmt. Bei einer kontinuierlich fortschreitenden Bewegung der Flamme über die Lötnaht wird die vom Erwärmungszentrum bzw. einem jeweiligen Volumenelement der Lötnaht erreichte Maximaltemperatur von mehreren Faktoren bestimmt.

Einer dieser Faktoren ist die **Wärmeleistung der Flamme** bzw. der davon auf das Werkstück übertragene Anteil. Bei stationär wirkender Flamme steigt die Werkstücktemperatur im Erwärmungszentrum solange, bis sich ein Gleichgewicht zwischen dem zugeführten Wärmestrom und dem durch Verluste und Wärmeableitung abgeführten Wärmestrom einstellt.

Der zweite Faktor ist die Verweildauer der Flamme über der Lötstelle bzw. einem betrachteten Volumenelement, die durch die **Vorschubgeschwindigkeit der Flamme** bzw. die Bahngeschwindigkeit des Werkzeugs über dem Werkstück bestimmt wird. Diese muß so gewählt werden, daß die in dieser Zeitspanne auf das betrachtete Volumenelement übertragene Warmemenge gerade ausreicht die momentane Lotstelle und die zugeführten Hilfsstoffe auf Löttemperatur zu erwärmen. Eine wichtige Rolle dabei spielen die Energieverluste in das Werkstück bzw. in die Umgebung durch Warmeableitung und -abstrahlung. Die erreichte Löttemperatur hängt also im wesentlichen von der Optimierung der Verfahrgeschwindigkeit und der Flammleistung in Abhängigkeit von den durch das Werkstück gegebenen Verfahrensparametern ab.

Um einen bestimmten, konstanten Nahtquerschnitt zu erhalten, muß das Lot, je nach Bahngeschwindigkeit der Flamme, mit entsprechender **Lotzuführgeschwindigkeit** in die Lötnaht gefördert werden. Bei vorgegebenem Nahtquerschnitt muß also die Lotzuführgeschwindigkeit auf die jeweilige Bahngeschwindigkeit abgestimmt werden.

6.1   Die Wärmeleistung der Mikroflamme

Die Warmeleistung der Mikroflamme ergibt sich aus der volumenbezogenen spezifischen Wärme des Brenngases und dessen Volumenstrom durch die Brennerdüse.

- 64 -

$$\dot{Q}_F = Q_{V,A} \cdot \dot{V}_A \qquad \text{[Gl. 1]}$$

Aus der analytischen Betrachtung des Erzeugungs- und Verbrennungsprozeßes für das Wasserstoff-Sauerstoff-Methanol-Gasgemisch ergibt sich die volumenbezogene spezifische Wärme bei Normbedingungen zu $Q_{V,N}$ = 9,26 J/cm³ /53/.

Die Kompressibilität des Gases erfordert eine Umrechnung des bekannten Wertes bei Normbedingungen (p_N = 1,013 bar; T_N = 273°K) auf die realen Arbeitsbedingungen. Dies erfolgt mit Hilfe von [Gl. 2], die sich durch Gleichsetzung der Flammleistung bei Norm- und bei Arbeitsbedingungen unter Zuhilfenahme der thermischen Zustandsgleichung für ideale Gase, in der in [Gl. 2a] dargestellten Form, ergibt.

$$Q_{V,A} = \frac{Q_{V,N} \cdot T_N \cdot p_A}{T_A \cdot p_N} \qquad \text{[Gl. 2]} \qquad\qquad V_{spez} = \frac{R \cdot T}{p} \qquad \text{[Gl. 2a]}$$

Durch Vorgabe einer gleichbleibend bei Raumtemperatur liegenden Arbeitstemperatur des Brenngases von T_A = 293°K ist $Q_{V,A}$ nur noch vom Arbeitsdruck p_A abhängig. Die übrigen Werte lassen sich zu einer Leistungskonstanten der Mikroflamme, Ψ_1, zusammenziehen. Somit lautet die Gleichung:

$$\dot{Q}_F = \Psi_1 \cdot p_A \cdot \dot{V}_A \qquad \text{mit } \Psi_1 = 8,517 \text{ J/cm}^3 \text{ bar} \qquad \text{[Gl. 3]}$$

Der Volumenstrom des Brenngases wurde im Versuchsaufbau mit Hilfe eines auf H_2/O_2-Gasgemisch (67/33%) geeichten Durchflußmeßgerätes experimentell ermittelt und kann aus dem links angeordneten Diagramm in Bild 6.1 abgelesen werden.

Der Volumenstrom wurde bei verschiedenen Arbeitsdrücken und unterschiedlichen Brennerdüsendurchmessern ermittelt und kann, ausgehend von dem gegebenen Düsendurchmesser, über die dem Arbeitsdruck entsprechende Druckkurve an der Abszisse des links angeordneten Diagrammes abgelesen werden. In dem rechts angeordneten Diagramm ist die Beziehung aus Gleichung 3 wiedergegeben und mit dem gleichen Maßstab für den Volumenstrom gegenübergestellt. So kann ausgehend von der verwendeten Düsengröße und dem Arbeitsdruck über den Volumenstrom und die dem Arbeitsdruck entsprechende Kurve für $Q_{V,A}$ die aktuelle Leistung der Mikroflamme bei den jeweiligen Arbeitsbedingungen in der dargestellten Weise abgelesen werden. Im Diagramm ist ein Ablesebeispiel mit einer Strichlinie eingezeichnet, wonach sich ausgehend von einem Düsendurchmesser von 0,7 mm und einem Arbeitsdruck von 50 mbar eine Leistung von 175 W ergibt.

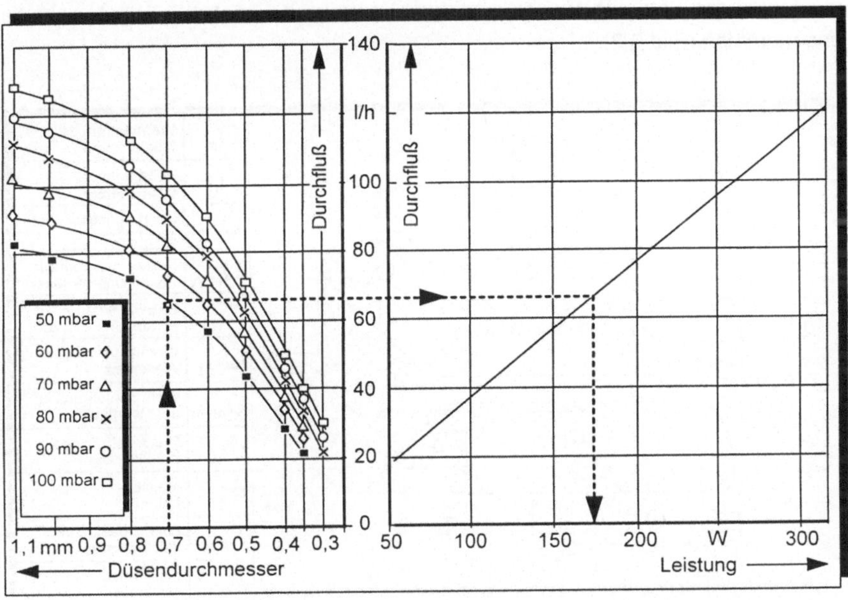

Bild 6 1   Leistungsermittlung für die Mikroflamme in Abhängigkeit von den Arbeitsparametern und dem gemessenen Gas-Volumenstrom

6.2   Ermittlung der Vorschubgeschwindigkeit zum Bahnlöten

Die Vorschubgeschwindigkeit des Lötwerkzeuges über der Lötnaht steht in unmittelbarem Zusammenhang mit der Flammleistung und der zu erreichenden Löttemperatur. In den folgenden Betrachtungen wird diese gegenseitige Abhängigkeit analytisch geklärt. Dazu müssen die einzelnen Wärmeströme, welche die Temperatur an der Lötstelle beeinflussen betrachtet und ihre Abhängigkeit von der Vorschubgeschwindigkeit geklärt werden.

6.2.1 Energiebilanz am ruhenden Volumenelement

Zur Aufstellung der Energiebilanz wird ein ausreichend kleines Volumenelement, das sogenannte Kontrollvolumenelement betrachtet. Beim Lötvorgang wird das Werkstück- und das Lötdrahtvolumen durch das Kontrollvolumenelement hindurchlaufend angenommen (Bild 6.2).

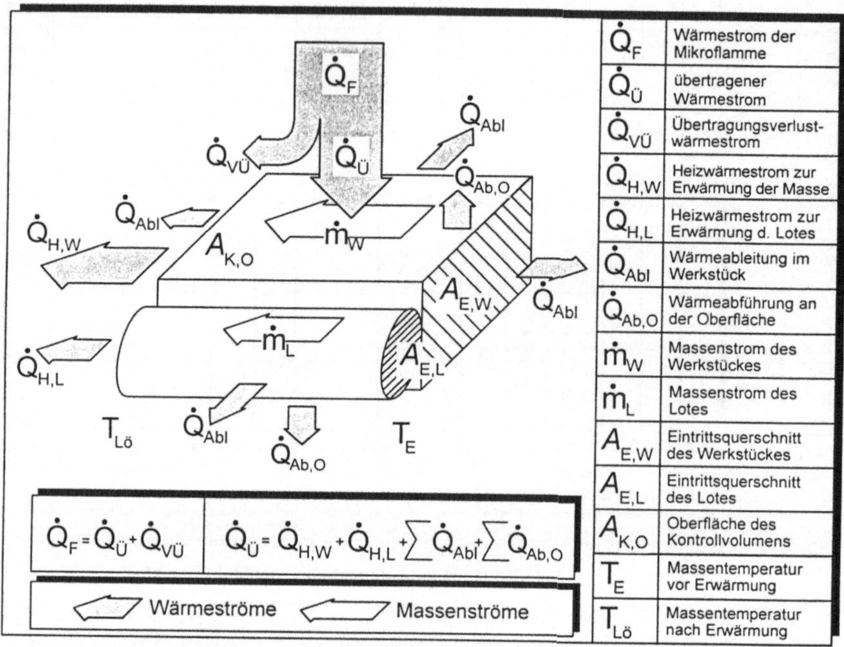

Bild 6.2:   Energiebilanz am Kontrollvolumenelement

Durch die Bewegung des Werkstück- und des Lötdrahtvolumens durch das Kontrollvolumenelement unter der Mikroflamme wird die Relativbewegung zwischen dem zugeführten Wärmestrom der Mikroflamme und dem Werkstück im Modell realisiert. Die Vorschubgeschwindigkeit wird als Eintrittsgeschwindigkeit des Werkstückvolumens durch den Eintrittsquerschnitt des Kontrollvolumens definiert.

Des weiteren sollen für die anschließenden Betrachtungen die folgenden idealisierenden Vereinbarungen gelten:

☐ Die Dicke des Werkstück-Kontrollvolumens entspricht der Dicke des Werkstückes (dünnes Blech), die Oberfläche des Kontrollvolumens entspricht der durch das Lot benetzten Werkstückoberfläche.

☐ Das Lötdraht-Kontrollvolumen entspricht dem des Lötdrahtes abzüglich des Volumens der Flußmittelseele, das Flußmittelvolumen wird vernachlässigt.

☐ Die Eintrittsgeschwindigkeit des Lötdrahtvolumens in das Kontrollvolumen entspricht der Vorschubgeschwindigkeit des Lötdrahtes, die sich von der Vorschubgeschwindigkeit der Mikroflamme unterscheidet und lediglich die Menge der pro Nahtlänge zugeführten Lotmenge bestimmt.

☐ Die werkstofftechnischen Anschlußbedingungen sind an allen vier Seiten des Kontrollvolumenelementes gleich.

☐ Das Werkstückvolumen im Kontrollvolumenelement erwärmt sich gleichmäßig. Innerhalb des Kontrollvolumenelementes bilden sich keine Temperaturgradienten aus.

☐ Zwischen Werkstückvolumen und zugeführtem Lotvolumen wird ein vollkommener Temperaturausgleich angenommen, so daß Lot und Werkstück das Kontrollvolumen-Element mit gleicher Temperatur, nämlich der Lottemperatur T_{Lo} verlassen.

☐ Wärmeableitung und Wärmeabstrahlung des Lötdrahtvolumens werden vernachlässigt.

☐ Die zu verlötenden Werkstückteile bestehen aus dem selben Material und haben die gleiche Dicke.

Weiterhin wird nach /43/ die Annahme getroffen, daß sich bei konstanter Vorschubgeschwindigkeit nach kurzer Anlaufstrecke ein Gleichgewicht der einzelnen Wärmeströme einstellt und somit der Prozeß als stationär betrachtet werden kann. Der Anfangs- und Endbereich der Lötnaht werden bei dieser Betrachtung ausgeklammert und mussen gegebenenfalls separat betrachtet werden.

Unter den getroffenen Voraussetzungen und Annahmen ergibt sich die Gesamt-energiebilanz aus den in <u>Bild 6.2</u> dargestellten Beziehungen zu:

$$\dot{Q}_F = \dot{Q}_{H,W} + \dot{Q}_{H,L} + \dot{Q}_{VU} + \sum \dot{Q}_{Abl} + \sum \dot{Q}_{Ab,O} \qquad \text{[Gl. 4]}$$

$$\text{bzw.} \qquad \dot{Q}_F = \dot{Q}_U + \dot{Q}_{VU} \qquad \text{[Gl. 4a]}$$

Zur Auflösung dieses Termes nach der gesuchten Vorschubgeschwindigkeit v_F der Mikroflamme bei vorgegebenen Randbedingungen, müssen zunächst die von v_F abhängigen Größen näher betrachtet werden. Diese sind:

$$\dot{Q}_{H,W} = \dot{Q}_{H,W}(v_F), \quad \dot{Q}_{H,L} = \dot{Q}_{H,L}(v_F) \quad \text{und} \quad \dot{Q}_{Abl} = \dot{Q}_{Abl}(v_F)$$

Dabei sind $\dot{Q}_{H,W}$ und $\dot{Q}_{Abl}$ direkt von v_F und $\dot{Q}_{H,L}$ indirekt, über die nahtspezifische Lotmenge (vorgegebene Lotmenge pro Nahtlänge) bzw. über die Lotzuführgeschwindigkeit v_L, von v_F abhängig.

6.2.2 Wärmestrom zur Temperaturerhöhung des Werkstückvolumens auf Löttemperatur

Der Anteil des Wärmeflußes zur Temperaturerhöhung des Werkstückvolumens ist von der Vorschubgeschwindigkeit der Mikroflamme abhängig. Die Grundlage zur Errechnung dieses Wärmeflußanteils bilden die allgemeingültigen Gleichungen für den Wärme- und den Massestrom.

$$\dot{Q}_H = \dot{m} \cdot C_p \cdot \Delta T \qquad \text{[Gl. 5]}$$

$$\dot{m} = v \cdot A_E \cdot \rho \qquad \text{[Gl. 6]}$$

Daraus ergibt sich die Gleichung für den Wärmestrom zur Temperaturerhöhung des Werkstück-Massestromes zu:

$$\dot{Q}_{H,W} = v_F \cdot A_{E,W} \cdot \rho_W \cdot C_{p,W} \cdot (T_{Lo} - T_E) \qquad \text{[Gl. 7]}$$

6.2.3 Wärmestrom zur Temperaturerhöhung des Lotvolumens auf Löttemperatur

Bei der Ermittlung des Wärmestromes zur Temperaturerhöhung des Lotvolumens auf Löttemperatur sind folgende Besonderheiten zu beachten:

- ☐ Weichlotwerkstoffe sind Legierungen. Die spezifische Wärmekapazität C_p muß für jede Legierungszusammensetzung speziell ermittelt werden.

- ☐ Das Lot wird aufgeschmolzen, die dazu benötigte Schmelzwärme ist wie die Wärmekapazität legierungsabhängig und muß bei der Aufstellung der Gleichung berücksichtigt werden.

- ☐ Der Massestrom des Lotes ist abhängig von der nahtspezifischen Lotmasse, die sich aus dem Verhältnis der Vorschubgeschwindigkeit der Flamme zur Lotzuführgeschwindigkeit ergibt.

Die spezifische Wärmekapazität und auch die Schmelzwärme des Lotes kann nach der Regel von Neumann-Koppe errechnet werden (Bild 6.3). Gleiches gilt sinngemäß auch für die Schmelzwärme./58...61/

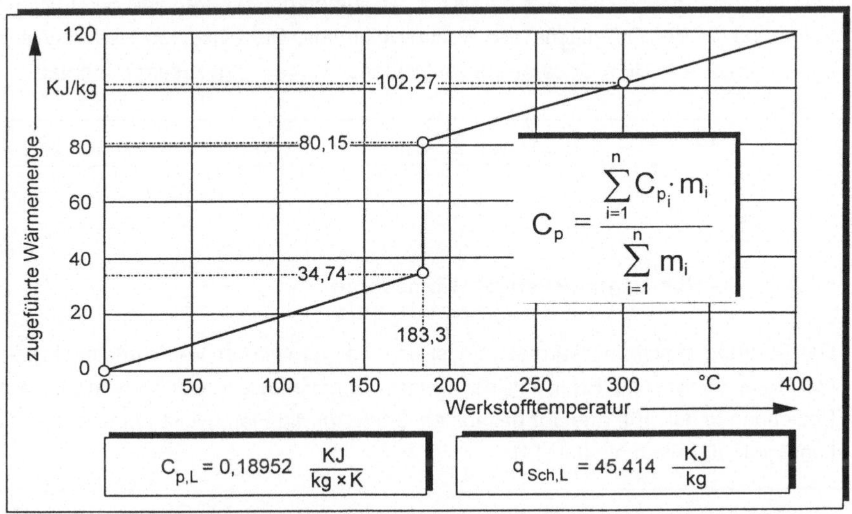

$$C_p = \frac{\sum_{i=1}^{n} C_{p_i} \cdot m_i}{\sum_{i=1}^{n} m_i}$$

$$C_{p,L} = 0{,}18952 \; \frac{KJ}{kg \times K}$$

$$q_{Sch,L} = 45{,}414 \; \frac{KJ}{kg}$$

Bild 6.3   Abhängigkeit von zugeführter Wärmemenge und Temperatur für ein eutektisches Zinn- Blei-Lot (Sn62Pb38)

Für ein eutektisches Zinn-Blei-Lot mit einem prozentualen Massenanteilverhältnis von 62/38 wird hier der in <u>Bild 6.3</u> dargestellte Funktionsverlauf q(T) und die entsprechenden Werte für C_p und $q_{Sch,L}$ errechnet.

Bei Vorgabe der nahtspezifischen Lotmasse $m_{L,LN}$ (Lotmasse pro Lötnahtlänge), ergibt sich der Wärmeflußanteil $\dot{Q}_{H,L}$ zu:

$$\dot{Q}_{H,L} = v_F \cdot m_{L,LN} \cdot \left(C_{p,L} \cdot (T_{Lo} - T_E) + q_{Sch,L} \right) \qquad \text{[Gl. 8]}$$

6.2.4 Verlust-Wärmeströme

Als Verlust-Wärmeströme werden hier diejenigen Anteile des Gesamtwärmestromes angesehen die nicht für den Lötprozeß, das heißt für die Temperaturerhöhung der am Lötprozeß beteiligten Werkstoffe (Werkstück und Lot) des Kontrollvolumens, genutzt werden können. Es handelt sich dabei um die Übertragungsverluste die Verluste durch Wärmeableitung aus dem Kontrollvolumen und die Verluste durch Wärmeabführung an der Oberfläche des Kontrollvolumens. Die einzelnen Verlust-Wärmeströme werden zu dem Gesamt-Verlust-Wärmestrom wie folgt zusammengefaßt:

$$\dot{Q}_{GV} = \dot{Q}_{VU} + \sum \dot{Q}_{Abl} + \sum \dot{Q}_{Ab,O} \qquad \text{[Gl. 9]}$$

6.2.4.1 Übertragungsverlust-Wärmestrom

Der Übertragungsverlustwärmestrom ist unabhängig von der Vorschubgeschwindigkeit. Eine analytische Erfaßung der Übertragungsverluste ergibt sich mit Hilfe der Beziehung in [Gl. 10], aus der bekannten Größe für die Flammleistung und dem Wirkungsgrad der Flamme, [Gl. 11].

$$\dot{Q}_{VU} = \dot{Q}_F - \dot{Q}_U \qquad \text{[Gl. 10]} \qquad\qquad \dot{Q}_U = \eta \cdot \dot{Q}_F \qquad \text{[Gl. 11]}$$

6.2.4.2 Abführungsverlust-Wärmestrom

Die Verluste durch Wärmeabführung an der Oberfläche des Kontrollvolumenelements lassen sich unter den getroffenen vereinfachenden Annahmen der gleichmäßigen Erwärmung des Kontrollvolumens mit Hilfe der in /43/ und /44/ gemachten Ansätze analytisch erfassen.

$$\sum \dot{Q}_{Ab,O} = A_{K,O} \cdot (\alpha_K + \alpha_S) \cdot (T_{Lö} - T_U) \qquad \text{[Gl. 12]}$$

Dabei ist zu beachten, daß der Wärmefluß auf der Seite des Kontrollvolumens, die der Mikroflamme zugewandt ist, bereits bei der Betrachtung der Übertragungsverluste berücksichtigt wird. Hier ist also lediglich die der Flamme abgewandte Seite des Kontrollvolumens zu betrachten.

Der Wärmeübergangskoeffizient α_K ist abhängig von den Strömungsverhaltnissen in der Umgebungsluft und α_S ist abhängig von der Werkstückoberfläche. Sie sind nicht bekannt und müssen für den speziellen Fall aufwendig ermittelt werden

6.2.4.3 Ableitungsverlust-Wärmestrom

Der gesamte Verlustwärmestrom durch Wärmeableitung aus dem Kontrollvolumen in die angrenzenden Bereiche des Werkstückes setzt sich zusammen aus den einzelnen Warmeströmen durch die vier Begrenzungsflächen. Dabei konnen, ausgehend von senkrechter Anstellung der Flamme gegenüber der Werkstückoberfläche, die Temperaturverteilung und somit die Wärmeströme senkrecht zur Flammenbewegungsrichtung als symmetrisch angenommen werden.

Mit Hilfe der Vorstellung der Begrenzungsflächen als Trennwände mit gleicher Fläche und endlicher Dicke zwischen dem Kontrollvolumen und der Werkstückumgebung und der vereinfachenden Annahme einer gleichmäßigen Temperaturverteilung auf beiden Seiten der jeweiligen Trennwand, ergibt sich die Summe der Ableitungsverluste wie in <u>Bild 6.4</u> dargestellt.

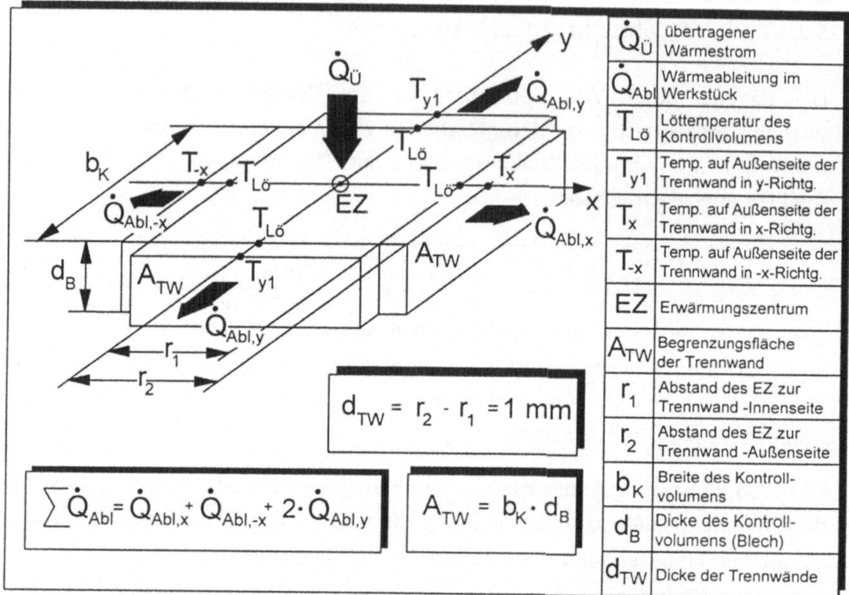

$\dot{Q}_{Ü}$	übertragener Wärmestrom
$\dot{Q}_{Abl}$	Wärmeableitung im Werkstück
$T_{Lö}$	Löttemperatur des Kontrollvolumens
T_{y1}	Temp. auf Außenseite der Trennwand in y-Richtg.
T_x	Temp. auf Außenseite der Trennwand in x-Richtg.
T_{-x}	Temp. auf Außenseite der Trennwand in -x-Richtg.
EZ	Erwärmungszentrum
A_{TW}	Begrenzungsfläche der Trennwand
r_1	Abstand des EZ zur Trennwand -Innenseite
r_2	Abstand des EZ zur Trennwand -Außenseite
b_K	Breite des Kontrollvolumens
d_B	Dicke des Kontrollvolumens (Blech)
d_{TW}	Dicke der Trennwände

Bild 6.4: Modellbetrachtung zur Ermittlung der Ableitungsverlust-Wärmeströme

Mit dem allgemeinen Gleichungsansatz für stationäre Wärmeleitung durch eine ebene Wand und der Betrachtung der kontinuierlich bewegten Mikroflamme als schnellwandernde Hochleistungsquelle, wodurch nach Radaj /43/ die Wärmeableitung in Bewegungsrichtung vernachlässigt werden kann, ergibt sich die folgende Gleichung.

$$\sum \dot{Q}_{Abl} = \frac{2 \cdot \lambda \cdot A_{TW}}{d_{TW}} \cdot (T_{Lo} - T_{y1})$$

[Gl. 13]

Mit Hilfe der Ansätze von Rykalin /44/ und Uelze /45/ wird [Gl. 14] zur näherungsweisen Berechnung der örtlichen Temperaturwerte senkrecht zur Bewegungsrichtung der Mikroflamme aufgestellt, welche die Abhängigkeit von der Vorschubgeschwindigkeit verdeutlicht.

$$T(y) = \frac{\dot{Q}_U}{v_F} \cdot \frac{0{,}242}{C_p \cdot \rho \cdot d_B \cdot r_y} \cdot \left(1 - \frac{\alpha \cdot r_y^2}{\lambda \cdot d_B}\right)$$

[Gl. 14]

Durch Einsetzen von [Gl. 14] in [Gl. 13] ergibt sich die Gleichung für den im Blech abgeleiteten Wärmestrom in Abhängigkeit von der Vorschubgeschwindigkeit der Mikroflamme.

$$\sum \dot{Q}_{Abl} = \frac{0,968 \cdot \dot{Q}_U}{v_F \cdot C_{p,W} \cdot \rho_W} \cdot \left(\frac{\lambda}{r_{Lo} + d_{TW}} + \frac{\alpha \cdot r_{Lo}}{d_B} \right) \qquad \text{[Gl. 15]}$$

6.2.5 Aufstellung der Gleichung zur Ermittlung der Vorschubgeschwindigkeit zum Bahnlöten

Durch Einsetzen von [Gl. 7], [Gl. 8] und [Gl. 15] in die Energiebilanz [Gl. 4] und Zusammenziehung verschiedener Größen zu den Konstanten K_1, K_2 und K_3 ergibt sich folgende Gleichung:

$$\dot{Q}_F = v_F \cdot \left[(T_{Lo} - T_E) \cdot K_1 + K_2 \right] + \frac{1}{v_F} \cdot \dot{Q}_U \cdot K_3 + \dot{Q}_{VU} + \dot{Q}_{Ab,O} \qquad \text{[Gl. 16]}$$

mit:
$$K_1 = d_B \cdot b_K \cdot \rho_W \cdot C_{p,W} + m_{L,LN} \cdot C_{p,L} \qquad \text{[Gl. 17]}$$

$$K_2 = m_{L,LN} \cdot q_{Sch,L} \qquad \text{[Gl. 18]}$$

$$K_3 = \frac{0,968}{C_{p,W} \cdot \rho_W} \cdot \left(\frac{\lambda}{r_{Lo} + d_{TW}} + \frac{\alpha \cdot r_{Lo}}{d_B} \right) \qquad \text{[Gl 19]}$$

Bei der Auflösung dieser Gleichung nach v_F, unter Einbeziehung von [Gl. 4a], ergibt sich eine quadratische Gleichung, deren Lösung die notwendige Vorschubgeschwindigkeit der Mikroflamme in Abhängigkeit von der vorgegebenen Löttemperatur ergibt.

$$v_{F,1,2} = \frac{-(\dot{Q}_{Ab,O} - \dot{Q}_U)}{2(T_{Lo} - T_E) \cdot K_1 + K_2} \pm \sqrt{\left(\frac{(\dot{Q}_{Ab,O} - \dot{Q}_U)}{2(T_{Lo} - T_E) \cdot K_1 + K_2} \right)^2 - \frac{K_3 \cdot \dot{Q}_U}{(T_{Lo} - T_E) \cdot K_1 + K_2}}$$

$$\text{[Gl. 20]}$$

**6.2.6   Numerische Lösung der Gleichung für die Vorschub-
geschwindigkeit zum Bahnlöten**

Durch Einsetzen der entsprechenden Materialkennwerte (hier beispielsweise für
Stahlblech) wird die Berechnung unter den folgenden Voraussetzung durchgeführt:

- Es gelten die bisher getroffenen Vereinfachungen.

- Der Abführungsverlust-Wämestrom $\dot{Q}_{Ab,O}$ wird aufgrund der kleinen zu be-
  trachtenden Oberfläche und der als ruhend zu betrachteten Umgebungsluft
  bei der Berechnung vernachlässigt.

- Die Wärmekapazitäten und Wärmeleitwerte werden im betrachteten Temperaturbereich als konstant angenommen.

- T_E entspricht der Raumtemperatur von 20°C.

Daraus ergibt sich die Vorschubgeschwindigkeit der Mikroflamme in Abhängigkeit
von der zu erreichenden Temperatur des Kontrollvolumens und der übertragenen
Wärmeleistung $\dot{Q}_U$. Da der Wirkungsgrad der Flamme, η, bisher unbekannt ist, wird
hier zunächst mit angenommenen Werten für $\dot{Q}_U$ gerechnet. Der Wirkungsgrad wird
anschließend durch die Gegenüberstellung der Versuchsergebnisse ermittelt.

Die numerische Lösung von [Gl. 20] ergibt die dargestellten Tempera-
tur/Vorschubgeschwindigkeits-Kurven (<u>Bild 6.5</u>, oben) für die angenommenen unterschiedlichen übertragenen Wärmeleistungen und läßt im einzelnen folgendes erkennen:

- Haupteinflußgröße auf die zu erreichende Vorschubgeschwindigkeit bei
  vorgegebener Werstüktemperatur ist die übertragene Wärmeleistung. Bei
  Erhöhung dieser um 10 W steigt die erreichbare Vorschubgeschwindigkeit
  im untersuchten Bereich um ca. 4 bis 5 mm/s an.

- Erwartungsgemäß ist die erreichbare Geschwindigkeit reziprok proportional
  zu den Konstanten K_1 und K_2, die die Wärmekapazitäten der Werkstoffe
  und die betrachteten, zu erwärmenden Werkstoffmassen enthalten.

- Die im untersuchten Temperaturbereich als konstant angenommenen Materialkennwerte α und λ nehmen vergleichsweise geringen Einfluß auf das
  Ergebnis.

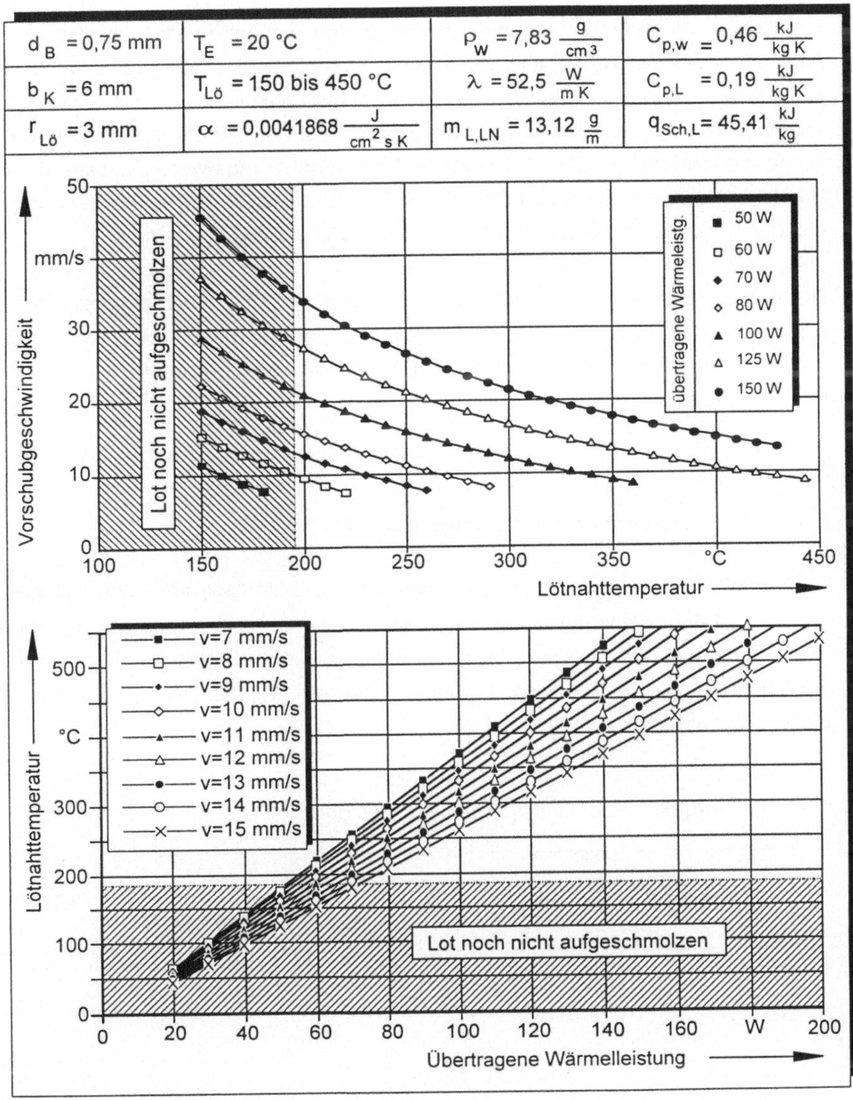

Bild 6 5: Zusammenhang von Vorschubgeschwindigkeit, Übertragungsleistung und Maximaltemperatur in der Lötnaht

In Richtung niedriger Vorschubgeschwindigkeiten (ca. unterhalb 8 mm/s) wird der Term unter der Wurzel negativ. Somit ergibt sich hier keine reelle Lösung mehr, die Gleichung ist somit für niedrige Vorschubgeschwindigkeiten nicht anwendbar. Dies entspricht der zur Vereinfachung von Gleichung [Gl. 15] getroffenen Annahme einer schnellwandernden Hochleistungsquelle. Eine annäherungsweise Aussage über die Bereiche niedrigerer Geschwindigkeiten läßt sich nur mit Hilfe graphischer Interpolation der errechneten Temperatur-Geschwindigkeits-Kurven machen.

Die Auflösung von [Gl. 20] nach der Temperatur und deren numerische Lösung in Abhängigkeit von der übertragenen Leistung, ergibt einen linearen Zusammenhang zwischen der übertragenen Leistung und der erreichbaren Maximaltemperatur wie in <u>Bild 6 5</u> unten, dargestellt.

6.3 Bestimmung der Lotzuführgeschwindigkeit

Bei Vorgabe der nahtspezifischen Lotmasse $m_{L,LN}$ (Lotmasse pro Lötnahtlänge), ist die pro Zeiteinheit zuzuführende Lotmasse und somit die Lotzuführgeschwindigkeit direkt abhängig von der gewählten lötdrahtspezifischen Lotmasse $m_{L,L}$ (Lotmasse pro Lötdrahtlänge) und der Vorschub- bzw. Bahngeschwindigkeit des Lötwerkzeuges über der Lötnaht.

Die Lotzuführgeschwindigkeit v_L ergibt sich aus der Gleichsetzung von:

$$\dot{m}_{L,LN} = \frac{dm_{LN}}{dl_{LN}} \cdot v_F \quad \text{[Gl. 21]} \qquad \text{und} \qquad \dot{m}_{L,L} = \frac{dm_L}{dl_L} \cdot v_L \quad \text{[Gl. 22]}$$

zu:

$$v_L = v_F \cdot m_{L,LN} \cdot \frac{1}{m_{L,L}} \qquad \text{[Gl. 23]}$$

In <u>Bild 6.6</u> ist die Abhängigkeit der Lotzuführgeschwindigkeit von der Vorschubgeschwindigkeit der Mikroflamme bzw. der Bahngeschwindigkeit des Lötwerkzeuges für unterschiedliche naht- bzw. lötdrahtspezifische Lotmassen in einem Diagramm dargestellt. Darin kann die zur jeweiligen Bahngeschwindigkeit korrespondierende Lotzuführgeschwindigkeit an den eingezeichneten Kurven abgelesen werden.

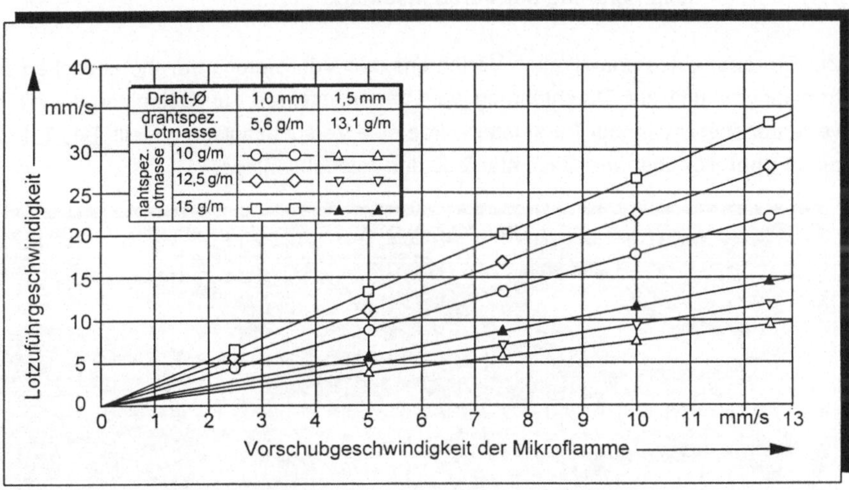

Bild 6.6: Lotzuführgeschwindigkeit in Abhängigkeit der spezifischen Lotmassen und der Vorschubgeschwindigkeit der Mikroflamme

7.1   Gesamtaufbau der Versuchsanlage

Zur Erprobung des entwickelten Verfahrens, zur Verifizierung der theoretischen Betrachtungen und zur Durchführung von Versuchsreihen zur Optimierung weiterer verfahrensbestimmender Parameter wurde eine Versuchsanlage erstellt. Bild 7.1 gibt einen Überblick über den Gesamtaufbau der Versuchsanlage.

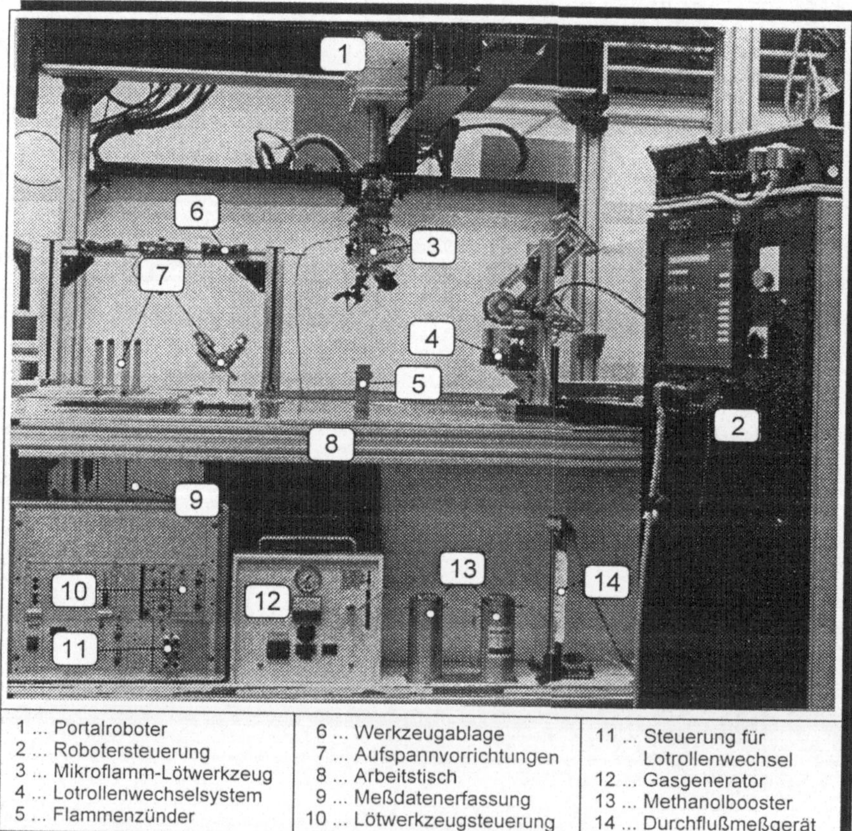

1 ... Portalroboter	6 ... Werkzeugablage	11 ... Steuerung für Lotrollenwechsel
2 ... Robotersteuerung	7 ... Aufspannvorrichtungen	12 ... Gasgenerator
3 ... Mikroflamm-Lötwerkzeug	8 ... Arbeitstisch	13 ... Methanolbooster
4 ... Lotrollenwechselsystem	9 ... Meßdatenerfassung	14 ... Durchflußmeßgerät
5 ... Flammenzünder	10 ... Lötwerkzeugsteuerung	

Bild 7.1:   Gesamtaufbau der Versuchsanlage zum Bahnlöten von Gehäuseblechen

7.2   Werkzeuge und Komponenten der Versuchsanlage

7.2.1   Das Mikroflamm-Lötwerkzeug

❏ Wechselbare Lötköpfe

Die Anordnung von Flammdüse und Lotzuführung wird bei dem entwickelten Werkzeug in eine kompakte Einheit, den sogenannten Lötkopf, zusammengefaßt. Dies gewährleistet einen sehr kompakten Aufbau, der den Zugang auch zu Lötnähten in kleinen Gehäuse-Innenfächern zuläßt. Um das Werkzeug an spezielle unterschiedliche Lagen und Orientierungen der jeweiligen Lötnaht optimal anpassen zu können, ist der Lötkopf über eine Kupplung am Werkzeug befestigt und somit auswechselbar. Auf diese Weise können speziell für den entsprechenden Anwendungsfall gestaltete Lötköpfe schnell zum Einsatz kommen. Ist eine Anpassung während der Bearbeitung eines Gehäuses notwendig, kann auch ein automatisierter Wechsel der Lötköpfe vorgenommen werden.

❏ Aufnahme und Zuführung der Hilfsstoffe

Wie bei der Konzeption der Bereitstellung und Zuführung des Hilfsstoffvorrates ermittelt, wird im Werkzeug ein Teilmengengebinde der Hilfsstoffe mitgeführt. Bei der Verwendung von Lötdraht mit Flußmittelseele bieten sich hier 1 kg schwere Rollen an, die handelsüblich sind.

Um einen automatischen Lotrollenwechsel in Verbindung mit einem peripheren Bereitstellungssystem zu ermöglichen, ist der Lotrollenhalter am Lötwerkzeug als Greifeinheit ausgelegt. Der Lotrollenhalter besteht aus zwei beidseitig des Werkzeugs angebrachten Trägern mit konischen kugelgelagerten Lotrollenlagern. Die Träger stehen sich gegenüber, sind über ein Getriebe miteinander verbunden und können mit Hilfe eines Pneumatikzylinders zusammengefahren werden. Beim Zusammenfahren der Träger wird eine Lotrolle durch die Lotrollenlager zentriert und in waagerechter Orientierung drehbar im Werkzeug gehalten, was ein leichtgängiges Abspulen des Lötdrahtes ermöglicht.

Der Lötdraht wird durch die am Werkzeug angebrachte Lötdrahtvorschubeinheit von der Rolle abgerollt. Diese ist eine komplett zugekaufte Komponente mit zugehöriger Vorschubsteuerung. Sie wird mit einem Elektro-Getriebemotor angetrieben und basiert auf dem Reibradprinzip, das eine kontinuierliche Zuführung mit stufenlos vorwahlbaren Fördergeschwindigkeiten zwischen 0 und 20 mm/s ermöglicht.

80

❏ Weitere Funktionskomponenten und Gesamtaufbau des Lötwerkzeuges

Außer den Funktionskomponenten Flammendüse, Lotzuführung, Lötdrahtvorschub und Lotrollenhalter sind aus sicherheits- und funktionstechnischen Gründen noch zusätzliche Funktionseinheiten in das Werkzeug zu integrieren. Die Zusammenstellung der einzelnen Komponenten zu einem Gesamtwerkzeug, nach funktionstechnischen Gesichtspunkten ergibt den in <u>Bild 7.2</u> dargestellten Werkzeugaufbau.

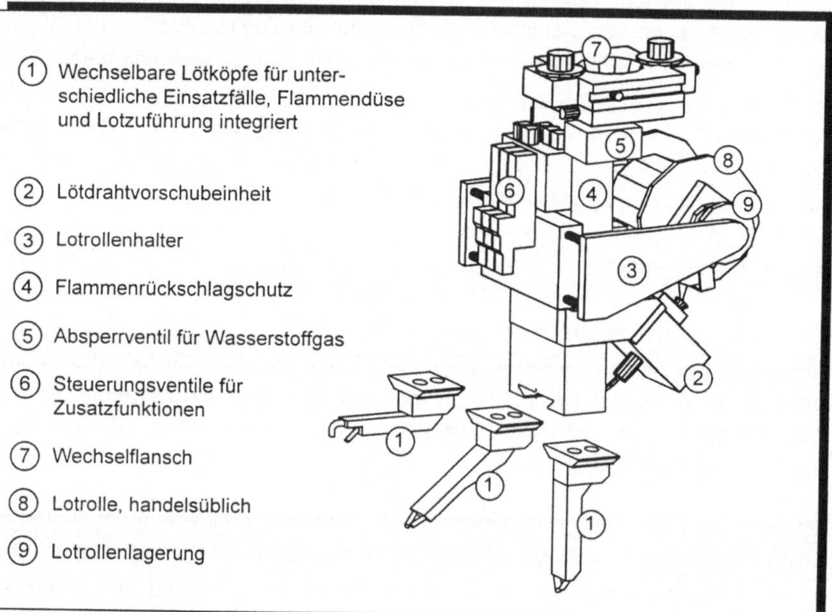

<u>Bild 7.2:</u> Aufbau des Flammlötwerkzeugs zum Bahnlöten an Hochfrequenz-Blechgehäusen

Um ein Eindringen des Verbrennungsvorganges in die Gaszuleitung und eine damit verbundene gefährliche Verpuffung auszuschließen, muß ein Flammenrückschlagschutz in das Werkzeug integriert werden. Zur Unterbrechung des Gasstroms und somit zur Abschaltung der Flamme ist ein Absperrventil in die Gaszuleitung eingebaut, das elektomagnetisch betätigt wird. Die angebauten Steuerventile dienen zur Betätigung von werkzeuginternen Funktionen bei der Durchführung des Lotrollenwechsels.

7.2.1.1 Versuchsanordnung und Verstellbereiche von Brennerdüse und Lotzuführung

Die Anordnung der Brennerdüse und der Lötdrahtzuführung nimmt Einfluß auf das Lötergebnis und wird durch die in <u>Bild 7.3</u> dargestellten Verhältnisse beschrieben.

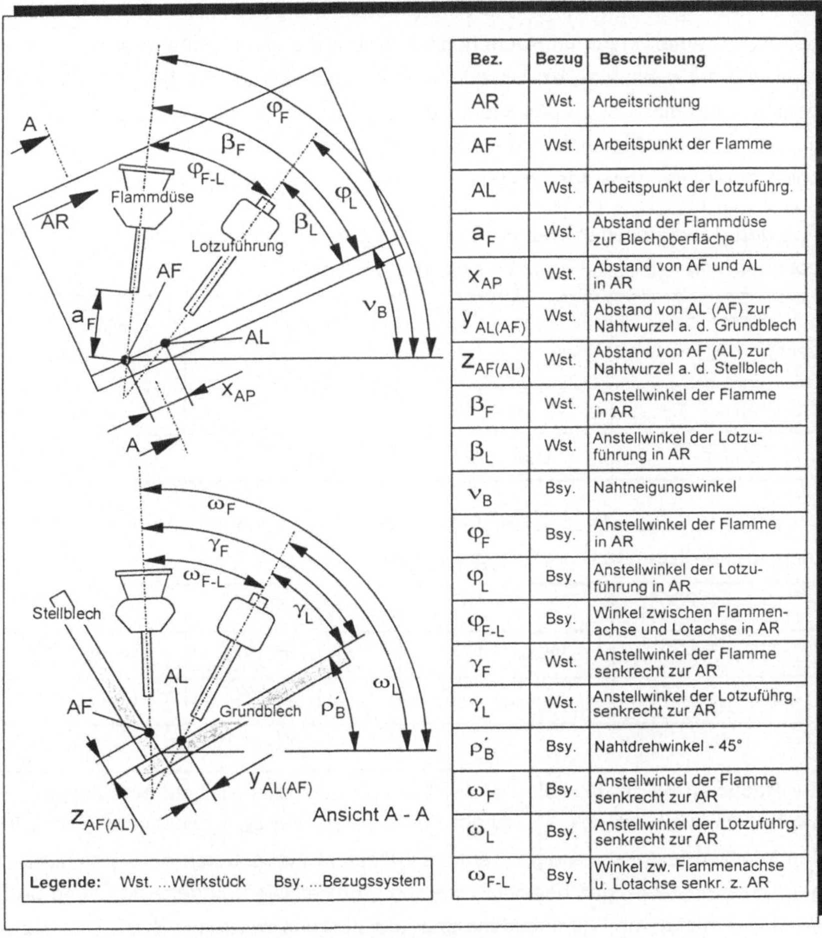

Bez.	Bezug	Beschreibung
AR	Wst.	Arbeitsrichtung
AF	Wst.	Arbeitspunkt der Flamme
AL	Wst.	Arbeitspunkt der Lotzuführg.
a_F	Wst.	Abstand der Flammdüse zur Blechoberfläche
x_{AP}	Wst.	Abstand von AF und AL in AR
$y_{AL(AF)}$	Wst.	Abstand von AL (AF) zur Nahtwurzel a. d. Grundblech
$z_{AF(AL)}$	Wst.	Abstand von AF (AL) zur Nahtwurzel a. d. Stellblech
β_F	Wst.	Anstellwinkel der Flamme in AR
β_L	Wst.	Anstellwinkel der Lotzuführung in AR
ν_B	Bsy.	Nahtneigungswinkel
φ_F	Bsy.	Anstellwinkel der Flamme in AR
φ_L	Bsy.	Anstellwinkel der Lotzuführung in AR
φ_{F-L}	Bsy.	Winkel zwischen Flammenachse und Lotachse in AR
γ_F	Wst.	Anstellwinkel der Flamme senkrecht zur AR
γ_L	Wst.	Anstellwinkel der Lotzuführg. senkrecht zur AR
ρ'_B	Bsy.	Nahtdrehwinkel - 45°
ω_F	Bsy.	Anstellwinkel der Flamme senkrecht zur AR
ω_L	Bsy.	Anstellwinkel der Lotzuführg. senkrecht zur AR
ω_{F-L}	Bsy.	Winkel zw. Flammenachse u. Lotachse senkr. z. AR

Legende: Wst. ...Werkstück   Bsy. ...Bezugssystem

<u>Bild 7 3</u>: Beschreibung der Anordnung von Brennerdüse und Lotzuführrohr in bezug auf Werkstück und Bezugssystem

Die prozeßoptimale Anordnung ist bisher nicht bekannt und soll durch systematische Reihenversuche mit dem hier zu entwickelnden Werkzeug ermittelt werden. Aus diesem Grund sind für die Anordnung der Systemkomponenten Einstellmöglichkeiten mit bestimmten Verstellbereichen vorzusehen, innerhalb derer reproduzierbare Einstellungen stufenlos realisierbar sind.

Die notwendigen bzw. möglichen Verstellbereiche ergeben sich aus der Betrachtung der Nahtorientierungen im Raum und der Baugröße von Brennerdüse und Lotzuführung, die die minimalen bzw. maximalen Anstellwinkel in bezug auf das Werkstück bestimmen. Dabei ist zu beachten, daß auch der Schwerkrafteinfluß auf das Lötergebnis in Versuchen mit unterschiedlichen Nahtneigungswinkeln überprüft werden soll. Überkopflagen werden dabei aus bereits genannten Gründen ausgeschlossen.

Aus den geometrischen Beziehungen der Winkelanordnungen von Flammdüse und Lotzuführung in <u>Bild 7 3</u> ergeben sich mit den Werten:

$\nu_{B,max} = 90°$	$\beta_{F,max} = 165°$	$\gamma_{F,max} = 75°$	$a_{F,max} = 20$ mm
$\nu_{B,min} = 0°$	$\beta_{F,min} = 15°$	$\gamma_{F,min} = 15°$	$a_{F,min} = 0$ mm
$\rho'_{B,max} = 90°$	$\beta_{L,max} = 165°$	$\gamma_{L,max} = 75°$	$x_{AP,max} = 10$ mm
$\rho'_{B,min} = 0°$	$\beta_{L,min} = 15°$	$\gamma_{L,min} = 15°$	$x_{AP,min} = 0$ mm

die folgenden theoretischen Verstellbereiche für die Brennerdüse und die Lotzuführung am Werkzeug bzw. im Bezugssystem:

$\varphi_{F,max} = 255°$	$\varphi_{F,min} = 15°$	$\omega_{F,max} = 165°$	$\omega_{F,min} = 15°$
$\varphi_{L,max} = 255°$	$\varphi_{L,min} = 15°$	$\omega_{L,max} = 165°$	$\omega_{L,min} = 15°$
$\varphi_{F-L,max} = 150°$	$\varphi_{F-L,min} = 30°$	$\omega_{F-L,max} = 60°$	$\omega_{F-L,min} = 30°$
$\Delta a_F = 20$ mm		$\Delta x_{AP} = 10$ mm	

Zur Reduzierung der Komplexität des Werkzeugaufbaus wird auf eine separate Verstellbarkeit des Winkels ω_{F-L} und der Werte $y_{AL(AF)}$ und $z_{AF(AL)}$ verzichtet. Diese Grössen können, falls notwendig, in eingeschränktem Maße durch eine Umorientierung des Gesamtwerkzeuges beeinflußt werden. Zur Realisierung der Anordnung und der Verstellbereiche von Flammendüse und Lotzuführung werden in <u>Bild 7.4</u> verschiedene Lösungsmöglichkeiten aufgezeigt und bewertet. Anhand der Bewertung wird **Konzeptvariante III** zur Realisierung ausgewählt.

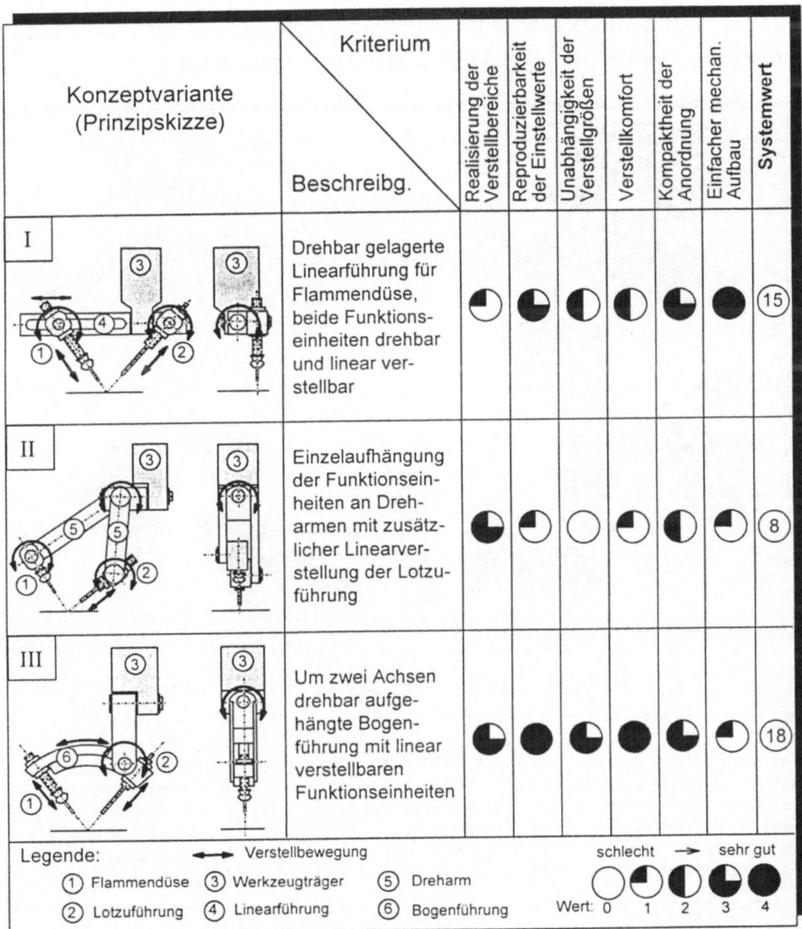

Konzeptvariante (Prinzipskizze) / Kriterium / Beschreibg.		Realisierung der Verstellbereiche	Reproduzierbarkeit der Einstellwerte	Unabhängigkeit der Verstellgrößen	Verstellkomfort	Kompaktheit der Anordnung	Einfacher mechan. Aufbau	Systemwert
I	Drehbar gelagerte Linearführung für Flammendüse, beide Funktionseinheiten drehbar und linear verstellbar							15
II	Einzelaufhängung der Funktionseinheiten an Dreharmen mit zusätzlicher Linearverstellung der Lotzuführung							8
III	Um zwei Achsen drehbar aufgehängte Bogenführung mit linear verstellbaren Funktionseinheiten							18

Bild 7 4: Konzeptvarianten für den mechanischen Aufbau der Anordnung von Flammendüse und Lotzuführung

7.2.1.2 Realisiertes Versuchs-Mikroflamm-Lötwerkzeug

Das in Bild 7.5 dargestellte realisierte Versuchs-Lötwerkzeug entspricht dem entwickelten Werkzeugkonzept zum Bahnlöten an den Blechgehäusen Lediglich im Bereich des Lötkopfes wurde hier eine Anpassung auf die speziell entwickelte variable Anordnung von Flammdüse und Lötdrahtzuführung vorgenommen.

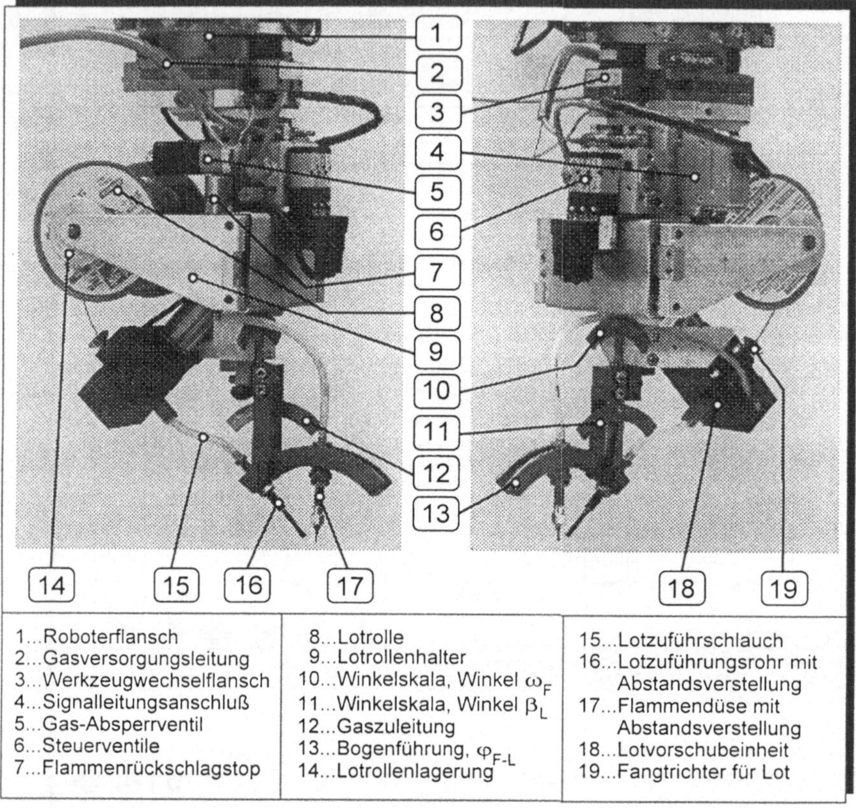

1...Roboterflansch	8...Lotrolle	15...Lotzuführschlauch
2...Gasversorgungsleitung	9...Lotrollenhalter	16...Lotzuführungsrohr mit
3...Werkzeugwechselflansch	10...Winkelskala, Winkel ω_F	Abstandsverstellung
4...Signalleitungsanschluß	11...Winkelskala, Winkel β_L	17...Flammendüse mit
5...Gas-Absperrventil	12...Gaszuleitung	Abstandsverstellung
6...Steuerventile	13...Bogenführung, φ_{F-L}	18...Lotvorschubeinheit
7...Flammenrückschlagstop	14...Lotrollenlagerung	19...Fangtrichter für Lot

<u>Bild 7.5:</u> Realisiertes Mikroflamm-Lötwerkzeugs zur Durchführung von Bahnlötversuchen

7.2.2 Bereitstellungseinheit für Hilfsstoffe

Abgestimmt auf die Geometrie und Funktion des Lötwerkzeuges sowie auf handelsübliche Lotrollen wurde die Bereitstellungseinheit entwickelt, die es ermöglicht, leere

Lotrollen am Werkzeug automatisiert durch volle Lotrollen zu ersetzen (Bild 7.6). Sie ist aufgebaut aus dem Lotrollenmagazin mit Vereinzelungsmechanik und einer Vorschubeinheit mit Fangvorrichtung für den Lötdraht.

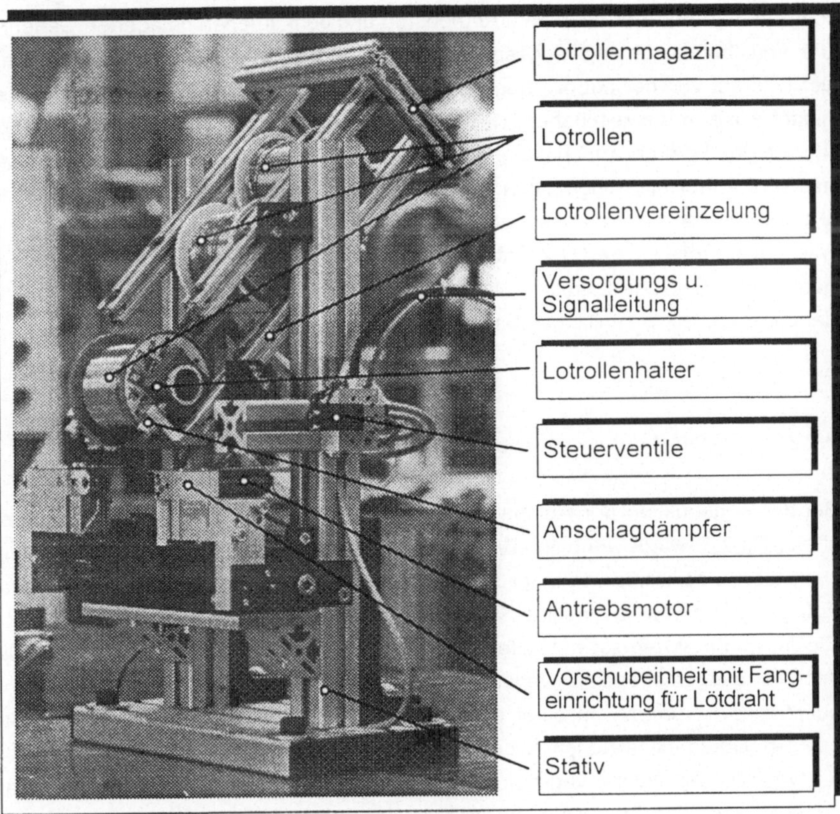

Bild 7 6: Bereitstellungseinheit für Lotrollen für den automatisierten Lotrollenwechsel im Lötwerkzeug

Die Lotrollen sind auf spezielle Lotrollenhalter aufgesteckt, die unterschiedliche Abmessungen von Lotrollen ausgleichen und eine gute Führung im Lotrollenmagazin gewährleisten. In die an den Lotrollenhaltern angebrachten Haltebügel wird der Lötdraht manuell eingeführt und dadurch in eine definierte Position gebracht Durch die

Vereinzelungsmechanik wird jeweils nur eine Lotrolle bis in die Übergabeposition befördert. Diese Position liegt genau über der Fangvorrichtung für den Lötdraht, so daß dieser sich mit Sicherheit im Bereich der Fangvorrichtung befindet. Beim Schließen der zweigeteilten Vorschubeinrichtung wird der Lötdraht durch die Fangvorrichtung zentriert und zwischen dem Antriebsrad und dem gefedert gelagerten Gegenrad der Vorschubeinrichtung eingespannt. Bei Betätigung des Antriebsrades wird nun der Lötdraht von der Lotrolle abgespult und durch einen Förderkanal in genau definierter Position ausgeschoben. Der ausgeschobene Lötdraht wird durch den Fangtrichter der Lötdrahtvorschubeinheit am Lötwerkzeug gefangen, vom dessen Antriebsrad erfaßt und eingezogen. Ist dies erfolgt, wird die Vorschubeinrichtung des Lotrollenwechselsystems geöffnet und der Lötdraht freigegeben. Im nächsten Schritt wird die Lotrolle in der Übergabeposition mit dem Lötwerkzeug angefahren und durch Schließen des Lotrollenhalters in das Lötwerkzeug aufgenommen. Somit ist der Lotrollenwechsel vollzogen und das Lötwerkzeug wieder einsatzbereit.

7.2.3   Die Aufspannvorrichtung für Versuchsbleche

Bei der Konstruktion der Aufspannvorrichtung für die Durchführung von Lötversuchen (<u>Bild 7.7</u>) wurde vor allem Wert darauf gelegt, den Erwärmungsprozeß der Versuchsbleche so wenig wie möglich zu beeinflussen. Aus diesem Grund wurden als Auflage für die Bleche einzelne Stifte mit balligem Kopf in die Aufnahme eingesetzt. Die Aufspannung erfolgt mit Hilfe von Halteklammern, die mit Drahtkrallen als Niederhalter ausgestattet sind. Dadurch hat das Blech mit der Aufspannvorrichtung nur punktweise Berührung an einer begrenzten Anzahl von Auflage- und Niederhaltepunkten. Durch diese Konstruktion wird gewährleistet, daß nur ein vernachlässigbares Minimum an Wärme von den Versuchsblechen an die Aufspannvorrichtung abgegeben wird. Die Abmessungen sind so ausgelegt, daß Versuchsbleche mit Abmessungen von maximal 70 x 200 mm aufgespannt werden können. Um die Untersuchung des Einflusses der Lötnahtlage im Raum auf das Lötergebnis zu ermöglichen, ist die Aufspannvorrichtung auf zwei Drehachsen gelagert, die mit Winkelmessern versehen sind. Diese ermöglichen eine reproduzierbare Einstellung des Nahtdreh- sowie des Nahtneigungswinkels. Der Nahtdrehwinkel ist im Bereich zwischen 0° und 180° und der Nahtneigungswinkel im Bereich zwischen 0° und 90° stufenlos einstellbar.

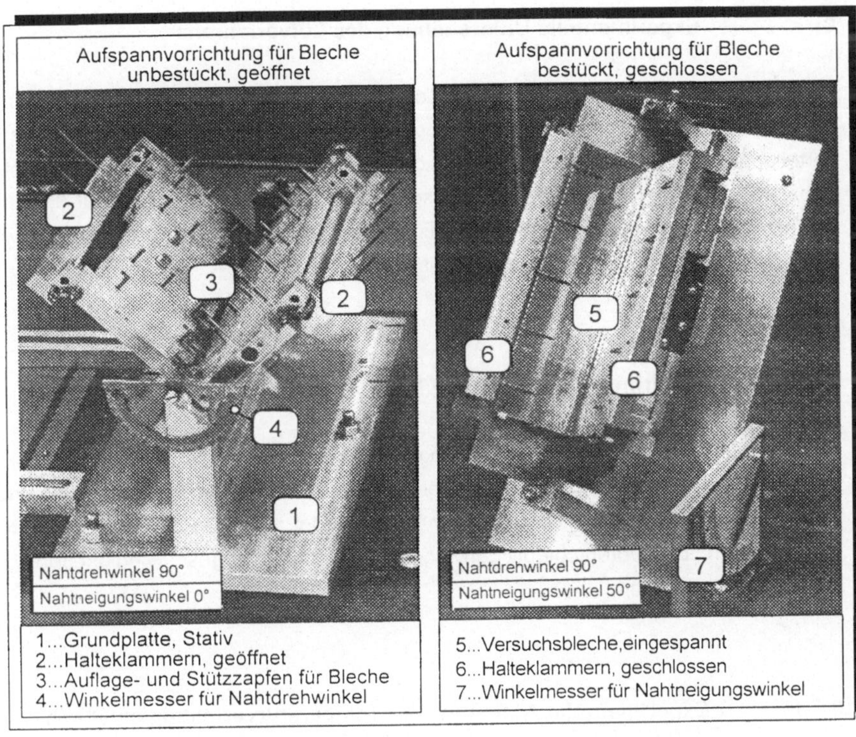

Bild 7 7: Aufspannvorrichtung für Versuchsbleche, zur Durchführung von Lötversuchen

7.2.4 Das Handhabungssystem

Als Handhabungssystem wurde ein kartesischer Roboter der Firma Bosch, mit der
Bezeichnung KRP 1000-4, eingesetzt. Dieses Gerät verfügt über einen quaderförmi-
gen Arbeitsraum mit den Kantenlängen 1200 x 800 x 560 mm, vier programmierbare
Achsen und ermöglicht ein Handhabungsgewicht von 5 kg. Die Steuerung erlaubt es,
sowohl auf geraden als auch auf beliebigen kreisförmigen Bahnen zu verfahren, wobei Geschwindigkeiten zwischen 0 und ca. 1000 mm/s vorgegeben werden können.
Über digitale Ein- und Ausgänge der Steuerung können einfache externe Funktionen
überwacht bzw. angesteuert werden.

8 Experimentelle Untersuchung des Lötverfahrens

Die experimentelle Untersuchung des Lötverfahrens gliedert sich in zwei Versuchsgruppen. Zum einen werden Erwärmungsversuche mit Aufnahme der Temperaturverteilungen in den Blechen und zum anderen Lötversuche mit Bewertung der Löter-
gebnissse durchgeführt. Beide Versuchsgruppen wurden exemplarisch mit 0,75 mm
dickem Stahlblech durchgeführt, das auch in der Berechnung zugrundegelegt wird
und so den direkten Vergleich ermöglicht.

8.1 Erwärmungsverhalten und Wärmeübertragung

Zum Vergleich der numerischen Lösung der Gleichung und zur Abschätzung der
übertragenen Wärmeleistungen in Abhängigkeit von den gerätetechnisch variierbaren Einflußgrößen wurden Versuche zur Messung der reell erreichbaren Werkstück-
temperaturen bei unterschiedlichen konstanten Vorschubgeschwindigkeiten des
Brenners durchgeführt.

8.1.1 Experimentelle Aufnahme der Temperaturverteilung im Blech

❏ Temperaturverlauf entlang der Erwärmungslinie

Mit einer Anordnung von Thermoelementen entlang der Erwärmungslinie wurde zunächst nachgewiesen, daß es sich bei der kontinuierlichen Erwärmung, der Annahme entsprechend, tatsächlich um einen quasistatischen Prozeß handelt. Die Versuchsanordnung der Thermoelemente und ein ausgewähltes Meßergebnis sind in
Bild 8.1 dargestellt. Gezeigt werden die Temperaturverläufe entlang der Erwärmungslinie, jeweils zu den Zeitpunkten, wenn der Brenner das jeweilige Thermoele-
ment überfährt. Die parallel und gleichmäßig verlaufenden Temperaturkurven zeigen, daß sich zu jedem Zeitpunkt eine gleichbleibende Temperaturverteilung um den
Brenner herum ausbildet.

❏ Temperaturverlauf über die Fläche des Versuchsbleches

Um eine Aussage über die Temperaturverteilung über die Fläche des Versuchsbleches zu erhalten, wurde in weiteren Versuchen eine Thermoelementanordnung quer

zur Erwärmungslinie gewählt und die Temperaturwerte über der Zeitachse bei gleichzeitiger kontinuierlicher Erwärmung durch die mit konstanter Vorschugeschwindigkeit verfahrende Mikroflamme aufgezeichnet.

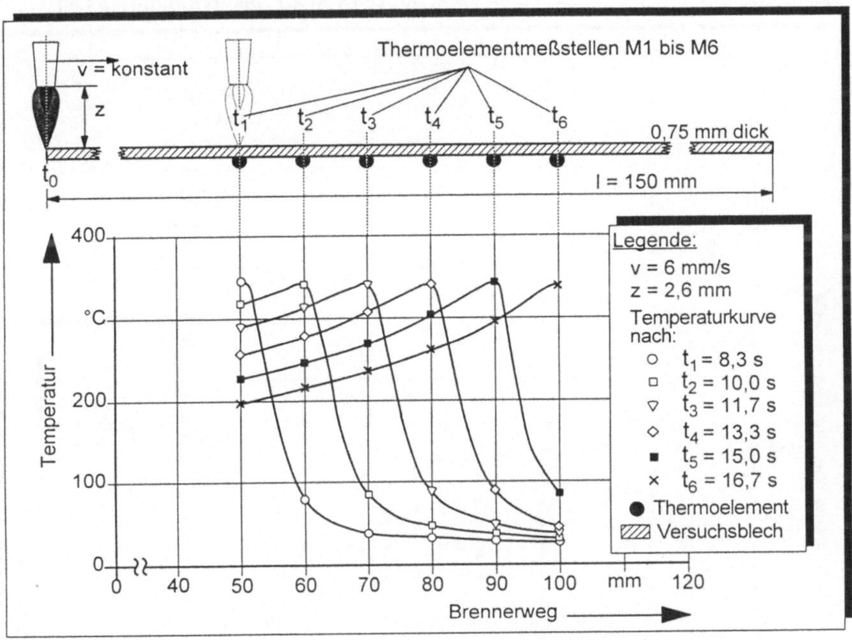

Bild 8.1:   Versuchsanordnung zur Messung der Temperaturverteilung im Blech entlang der Erwärmungslinie, in Vorschubrichtung

So entsteht ein Temperaturverteilungsbild, bei dem die Zeitachse über die Vorschubgeschwindigkeit mit der jeweiligen Position der Mikroflamme über dem Versuchsblech korrespondiert. Dieser Zusammenhang ist in Bild 8.2 zusammen mit den Temperaturkurven für die einzelnen Thermoelemente dargestellt.

Wie bereits in Bild 8.1 kann man auch hier erkennen, daß die Blechtemperatur in Arbeitsrichtung vor der Flamme erst kurz vor dem Erwärmungszentrum steil ansteigt und die Maximaltemperatur im Erwärmungszentrum erreicht wird. Hinter dem Erwarmungszentrum erfolgt die Abkühlung des Bleches. Dabei findet ein Temperaturausgleich zwischen den Bereiche nahe der Erwarmungslinie hin zu den entfernteren

Bereichen statt. Stellt man sich die Temperaturkurven in Abhängigkeit von der Zeit über der Blechbreite aufgetragen vor, so ergibt sich ein räumliches Bild für die Temperaturverteilung im Blech zum Zeitpunkt wenn der Brenner gerade die 100mm-Marke überstreicht, was nach einer Vorschubzeit von 20 Sekunden der Fall ist.

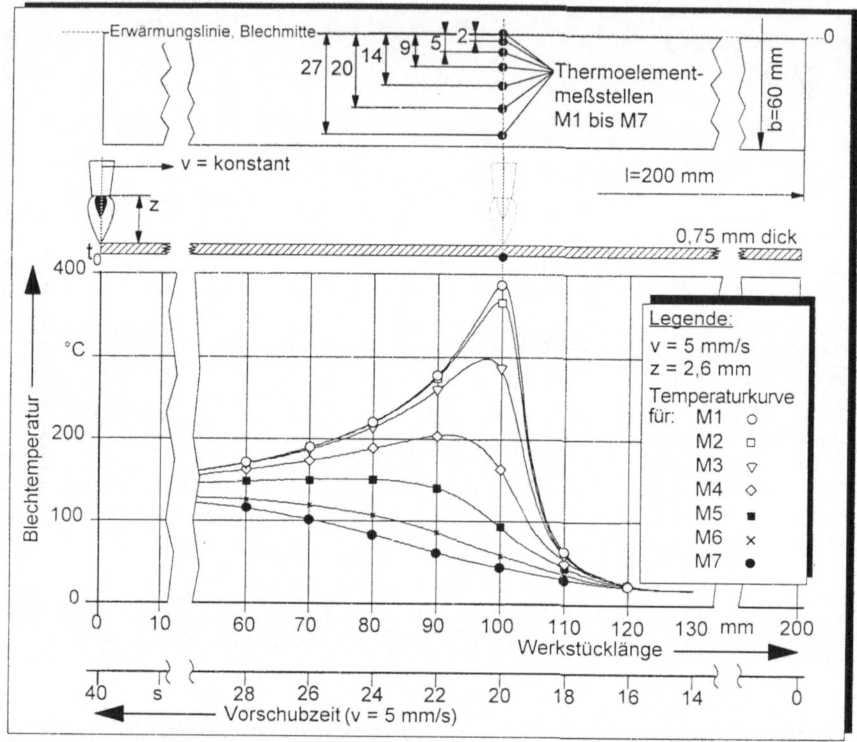

Bild 8.2: Versuchsanordnung zur Messung der Temperaturverteilung im Blech, senkrecht zur Vorschubrichtung

8.1.2   Die Lötnaht-Maximaltemperatur in Abhängigkeit von den Einfluß-parametern auf die Übertragungsleistung

Die Abhängigkeit der erreichbaren Maximaltemperatur im Erwärmungszentrum der Lötnaht von den maßgeblichen Einflußgrößen auf die übertragene Wärmeleistung ist in Bild 8.3 und Bild 8.4 dargestellt.

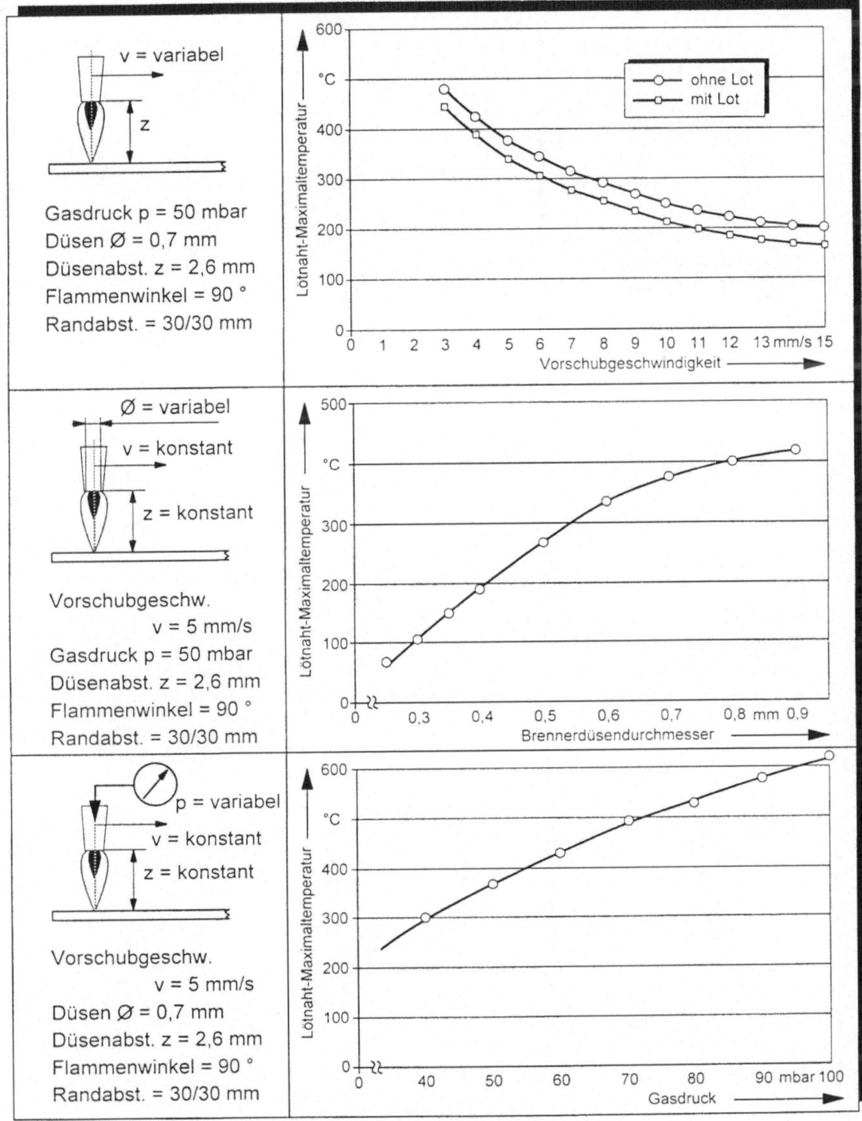

<u>Bild 8.3</u>   Erreichbare Maximaltemperaturen bei unterschiedlichen leistungsbe-einflussenden Mikroflammenparametern

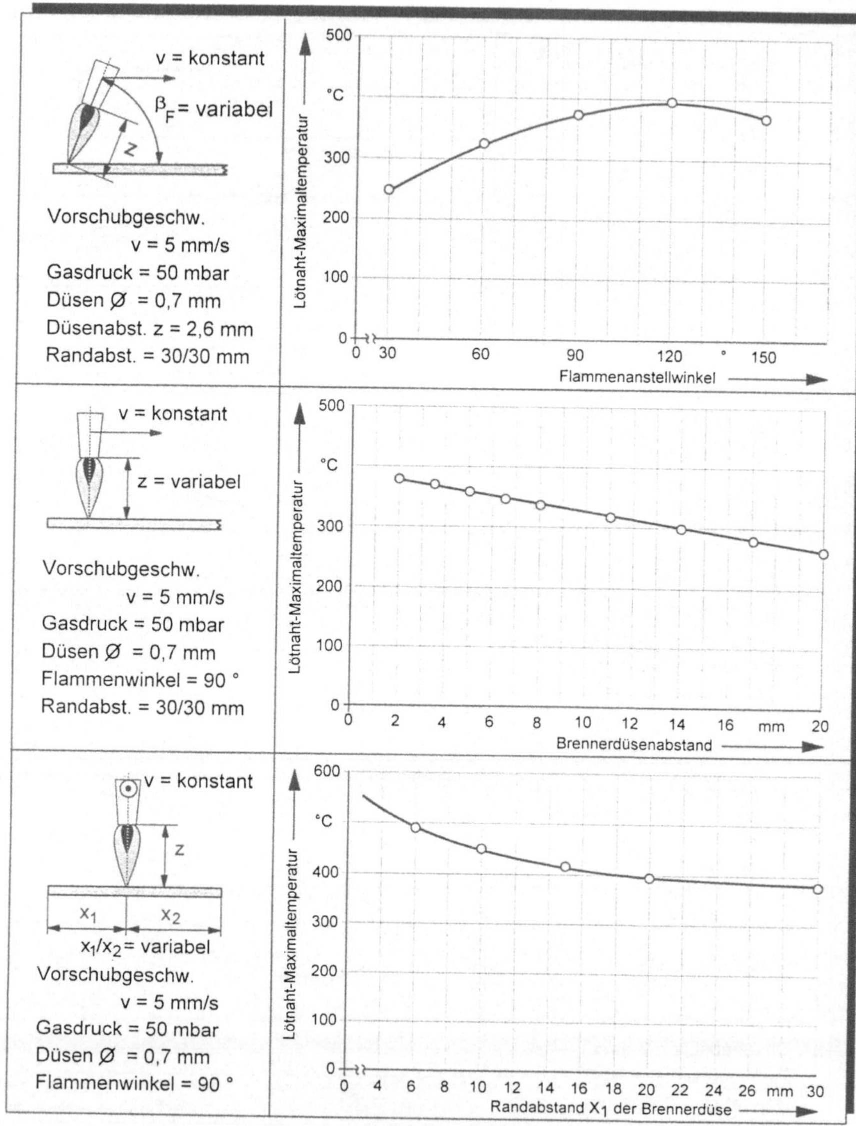

Bild 8 4: Erreichbare Maximaltemperaturen bei unterschiedlichen Geometrieparametern der Mikroflammeneinstellung

Die Temperaturermittlung erfolgte nur für die Erstellung des Vorschubgeschwindigkeit-Temperatur-Diagrammes einmal mit Zugabe von Lot und einmal ohne, in den übrigen Fällen wurden nur Messungen ohne Lotzugabe durchgeführt. Wie aus dem Vorschubgeschwindigkeit-Temperatur-Diagramm hervorgeht, ist der Verlauf der Kurve mit oder ohne Lotzugabe prinzipiell derselbe, jedoch liegen die Temperaturen ohne Lot um ca. 30°C höher.

❑   Die Vorschubgeschwindigkeit der Flamme nimmt Einfluß auf die übertragene Wärmeleistung pro Lötnahtlänge. Der Kurvenverlauf zeigt degressiv abnehmende Maximaltemperatur mit steigender Vorschubgeschwindigkeit. Dies entspricht qualitativ dem rechnerisch ermittelten Kurvenverlauf.

❑   Der Brennerdüsendurchmesser nimmt Einfluß auf den Volumenstrom und somit direkt auf die Flammleistung. Die Maximaltemperatur nimmt degressiv mit steigendem Düsendurchmesser zu. Dieser Kurvenverlauf spiegelt direkt den Verlauf der Durchflußkurve in <u>Bild 6.1</u> wieder. Es zeigt sich damit ein direkter Zusammenhang von der Flammenleistung und der übertragenen Wärmeleistung.

❑   Der Gasdruck nimmt wie der Düsendurchmesser direkten Einfluß auf die Flammenleistung. In dem untersuchten Bereich zeigt sich eine nahezu lineare Zunahme der Maximaltemperatur mit steigendem Gasdruck, was der Charakteristik des Durchflußvolumenanstieges bei steigendem Gasdruck entspricht.

❑   Der Flammenanstellwinkel als Geometrieparameter beeinflußt die Übertragungsleistung durch die Änderung der Strömungsverhältnisse im Staupunkt der Flamme und der Hauptströmungsrichtung des verbrennenden Gases. Ausgehend von einem flachen Anstellwinkel bei Ausrichtung der Flamme entgegen der Arbeitsrichtung (ziehend) zeigt der Kurvenverlauf eine Zunahme der Maximaltemperatur mit größer werdendem Arbeitswinkel über die Neutralstellung (90°) hinaus bis zu einem Winkel von 120° (stechend). Dieses Verhalten ist damit zu erklären, daß bei Winkeln über 90° der in Arbeitsrichtung abgelenkte vorströmende Heißgasanteil größer wird und eine stärkere Vorwärmung des Bleches bewirkt. Bei weiterer Zunahme des Anstellwinkels geht die Maximaltemperatur wieder zurück. Hier kann das vorausströmende Heißgas den negativen Einfluß des flachen Anstellwinkels nicht mehr ausgleichen. Dies zeigt die starke Abhängigkeit der übertragenen Wärmeleistung von den komplexen Strömungsverhältnissen im Staupunkt der Flamme.

❏   Der Brennerdüsenabstand ist ein weiterer Geometrieparameter, der Einfluß auf die Strömungsverhältnisse im Staupunkt der Flamme nimmt. Hier zeigt sich im untersuchten Bereich zwischen 2 und 20 mm eine lineare Abnahme der Maximaltemperatur mit zunehmendem Düsenabstand von der Blechoberfläche.

❏   Der Randabstand des Erwärmungszentrums beeinflußt die zu erreichende Maximaltemperatur durch die Änderung des Wärmeabflußverhaltens im Blech in der Nähe des Blechrandes. Durch die fehlende Masse zum Rand hin findet mit Annäherung zum Rand eine Veringerung des Wärmeabflußes und somit eine Erhöhung der Maximaltempertur statt. Dieser Einfluß ist vor allem beim Löten von schmalen Blechen zu beachten.

Durch Verknüpfung der Diagramme für Brennerdüsendurchmesser, Gasdruck und Vorschubgeschwindigkeit <u>Bild 8.3</u> läßt sich analog zu dem analytisch ermittelten Temperatur-Leistungs-Diagramm (<u>Bild 6.5</u>), das Temperatur-Leistungs-Diagramm in Abhängigkeit von der Flammleistung, aus den Versuchen entwickeln, wie in <u>Bild 8.5</u> dargestellt. Zur Ermittlung der Flammleistung wird das Durchfluß-Leistungsdiagramm (<u>Bild 6.1</u>) herangezogen.

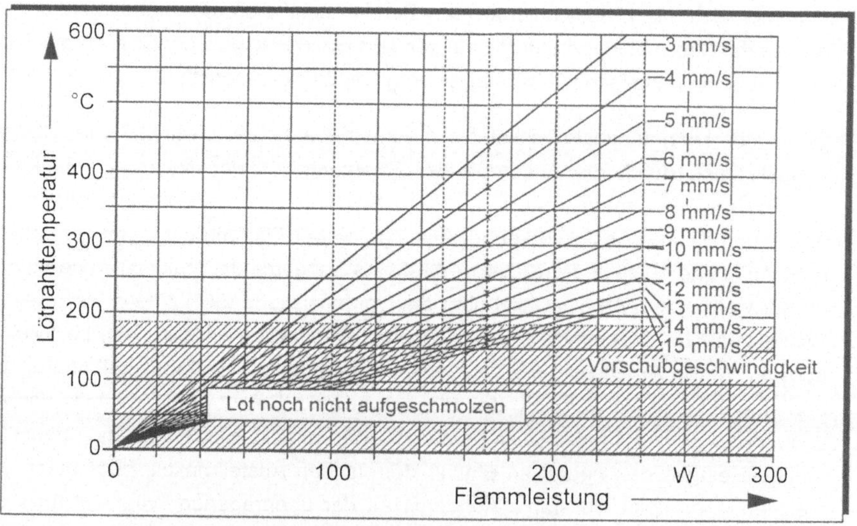

<u>Bild 8.5</u>:   Maximale Lötnahttemperatur in Abhängigkeit von der Flammleistung bei unterschiedlichen Vorschubgeschwindigkeiten

Die lineare Abhängigkeit der Lötnahttemperatur von der Übertragungsleistung zeigt sich auch in dem Diagramm für die Flammleistung. Für verschiedene Vorschubgeschwindigkeiten ergeben sich im Ursprung beginnende Geraden mit unterschiedlicher Steigung, wobei die Steigung der Geraden bei höherer Geschwindigkeit kleiner wird.

8.1.3 Wirkungsgrad der Mikroflamme

Der Vergleich der Ergebnisse, insbesondere der Leistungs-Temperatur-Diagramme bestätigt den rechnerisch ermittelten Zusammenhang zwischen Flammleistung, Vorschubgeschwindigkeit und Lötnahttemperatur. Aus diesem Vergleich läßt sich der Zusammenhang zwischen der Flammleistung und der Übertragungsleistung ableiten. Bei Vorschubgeschwindigkeiten oberhalb ca. 8 mm/s ergibt sich beim Vergleich ein konstantes Verhältnis zwischen der Übertragsleistung und der Flammleistung, das durch den Wirkungsgrad beschrieben wird. Für die betrachteten Stahlbleche ergibt sich dieser zu:

$$\eta = \frac{\dot{Q}_U}{\dot{Q}_F} \approx 0,35 \qquad \text{[Gl. 24]}$$

8.2 Lötversuche zum Bahnlöten an Gehäuseblechen

8.2.1 Anordnung, Systematik und Bewertung der Versuchsreihen

Aufbauend auf den theoretischen Betrachtungen und den Erwärmungsversuchen wurden mit Hilfe des erstellten Versuchsaufbaues umfangreiche Versuchsreihen zum Verlöten von dünnen Blechen durchgefuhrt. Diese Versuchsreihen sollen zum einen zur Überprüfung der Theorie dienen und zum anderen den Einfluß weiterer Verfahrensparameter sowie die Grenzbereiche des Verfahrens klären.

Das Ablaufschema der Versuche und die Versuchsanordnung sind in <u>Bild 8 6</u> dargestellt. Um eine systematische Vorgehensweise gewährleisten zu können, wurde die Vielzahl der Prozeßparameter in die drei Kategorien "Festparameter", "Verstellparameter" und "Suchparameter" eingeteilt.

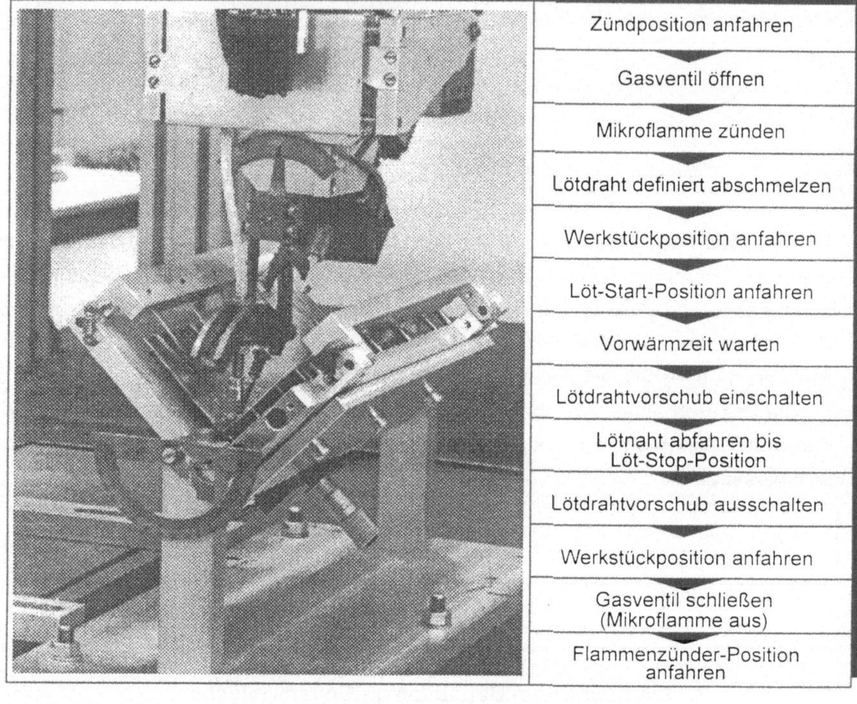

<u>Bild 8.6:</u>   Durchführung von Lötversuchen, Versuchsablauf

❐ **Die Festparameter**
sind für die entsprechende Versuchsreihe unveränderlich. Sie ergeben sich durch die Versuchsanordnung oder durch Erkenntnisse aus den Erwärmungsversuchen.

❐ **Die Verstellparameter**
sind die innerhalb einer Versuchsreihe zu untersuchenden Prozeßparameter. Diese werden in vorgegebenen Grenzen bzw. in bestimmter Abstufung geändert.

❐ **Die Suchparameter**
werden unter Beibehaltung der Fest- und Verstellparameter variiert, um das Lötergebnis gegebenenfalls zu optimieren.

❑ Bewertung der Lötergebnisse

Zur Bewertung der Versuchsergebnisse werden anhand der in der Analyse beschriebenen Qualitätsmerkmale Bewertungsmerkmale definiert. Je nach Erfüllungsgrad des Bewertungsmerkmales, wie in <u>Bild 8.2</u> beschrieben, werden Noten zwischen 1 (gut), 2 (mittel) und 3 (schlecht) für das Lötergebnis vergeben. Die "schlecht-Bewertung" eines Ausschlußkriteriums, siehe <u>Bild 8.7</u>, führt dabei in jedem Falle zur "schlecht-Bewertung" des Gesamtergebnises. Sofern kein Ausschlußkriterium angewandt werden muß, wird die Gesamtnote für ein Versuchsergebnis als Mittelwert aus den Einzelnoten ermittelt. Bei einer Gesamtnote von ≤ 2,0 wird das Versuchsergebnis als gut in das jeweilige Übersichtsdiagramm eingezeichnet.

Merkmal	Bewertung		
	gut (Note 1)	**mittel (Note 2)**	**schlecht (Note 3)**
Vollständigkeit der Lötnaht	Konstanter Nahtquerschnitt über die gesamte Lötnahtlänge	Leichte Schwankungen im Lötnahtquerschnitt	Lötnahtquerschnitt stark inkonstant, Lücken treten auf
Benetzung der Fügepartner	Bleche sind beidseitig gut benetzt (durchgelötet), keine Lotkugelbildung	Bleche sind nur auf der Lötseite benetzt, keine Lotkugelbildg.	Bleche sind stellenweise nicht benetzt und/oder Lotkugelbildung tritt auf
Lotmenge, Nahtform	Lötnaht weist eine deutliche Hohlkehlenform über die gesamte Länge auf	Hohlkehlenform nur schwach ausgebildet	Lötnaht weist keinerlei oder nur stellenweise Hohlkehlenform auf
Nahtoberfläche	Nahtoberfläche ist eben, blank und weist keine Lufteinschlüsse auf	Nahtoberfläche ist eben, matt und/oder weist geringfügige Lufteinschlüsse auf	Nahtoberfläche ist uneben und weist größere Lufteinschlüsse auf
Beschädigungsfreie Oberflächen	Kein "Anlaufen" der Blechoberflächen erkennbar	Leichtes "Anlaufen" der Bleche im Bereich der Lötnaht ist erkennbar	Starkes "Anlaufen" in größerem Umkreis der Lötnaht tritt auf
Ablagerungsfreie Oberflächen	Es bilden sich keine Rußablagerungen auf der Blechoberfläche	Leichte Rußspuren auf der Blechoberfläche vorhanden	Blechoberfläche deutlich verrußt
Flußmittelverteilung	Flußmittel benetzt die Nahtumgebung im Abstand von ca. 10 mm	Flußmittel breitet sich weiter aus, leichte Flußmittelspritzer treten auf	Flußmittel breitet sich stark aus, starke Flußmittelspritzer in großem Umkreis
Legende:	Ausschlußkriterium: Gesamtergebnis ist in jedem Fall "schlecht"		

<u>Bild 8.7</u>   Bewertungsmaßstab der Lötergebnisse

8.2.2   Einfluß der Leistungsparameter auf das Lötergebnis

Durch Variation des Brennerdüsendurchmessers und/oder des Gasdruckes wurden in dieser Versuchsreihe unterschiedliche Flammleistungen realisiert. Die der jeweiligen Flammleistung zugeordneten Geschwindigkeitsbereiche, innerhalb derer gute Lötergebnisse erzielt wurden, sind in der rechten Hälfte von Bild 8.8 mit Balken auf der jeweiligen Leistungslinie dargestellt. Die eingezeichneten Temperaturlinien wurden dafür aus Bild 8.5 ermittelt.

Die Festparameter für die Durchführung dieser Versuche wurden wie folgt gewählt:

- Material: Stahlblech, verzinnt, 0,75 mm dick
- Anstellwinkel der Flamme β_F: 90°
- Relativwinkel $\varphi_{F\text{-}L}$:   30°
- Brennerdüsenabstand a_F: 2,6 mm
- Arbeitspunktabstand x_{AP}:   0 mm
- Nahtdrehwinkel ρ_B 90°
- Anstellwinkel senkrecht zur AR: 45°

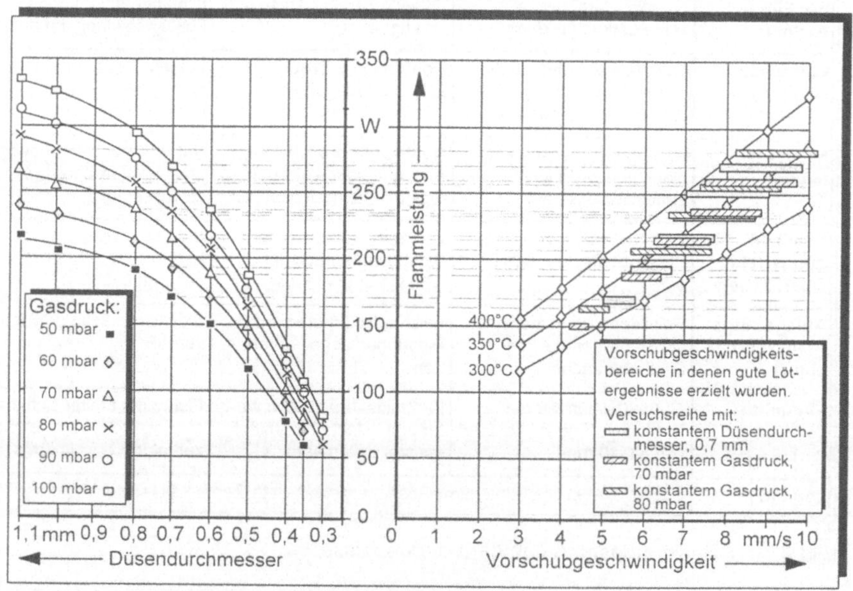

Bild 8.8:   Lötergebnisse bei variierenden Leistungsparametern

Die in das Vorschubgeschwindigkeit-Flammleistungs-Diagramm eingezeichneten Linien gleicher Temperatur zeigen, daß alle guten Lötergebnisse im Bereich zwischen 300°C und 400°C zustande kommen, wobei sich der Geschwindigkeitsbereich, in dem gute Ergebnisse erzielt werden, erwartungsgemäß mit steigender Leistung erhöht. Weiterhin ist tendenziell eine Verbreiterung des Geschwindigkeitsbereiches mit steigender Leistung zu verzeichnen. Dabei ist es von untergeordneter Bedeutung, ob die Flammleistung durch die Vergrößerung des Brennerdüsendurchmessers oder durch Erhöhung des Druckes erzielt wird. Bei weiterer Erhöhung der Leistung über die im Diagramm eingezeichneten Werte hinaus konnten keine akzeptablen Lötergebnisse mehr erzielt werden. Dies ist zurückzuführen auf:

- zunehmende Rußablagerungen, die vermutlich durch Sauerstoffmangel in der Flammenumgebung hervorgerufen wird,

- starke Flußmittelspritzer in großer Umgebung der Lötnaht, was auf eine zu schnelle Erwärmung des Flußmittels und dessen damit zusammenhängende explosionsartige Verdampfung in der Flamme zurückzuführen ist und

- Ungleichmäßigkeiten in der Benetzung der Bleche durch das Lot, die wiederum auf den Mangel an Flußmittel und eine zu kurze Einwirkzeit des verbleibenden Flußmittels zurückzuführen ist.

Dies zeigt, daß der theoretisch unbegrenzten Steigerung der Vorschubgeschwindigkeit beim Bahnlöten durch den Prozeßablauf selbst eindeutige Grenzen gesetzt sind. Am zuverlässigsten wurden bei dieser Versuchskonfiguration gute Ergebnissse bei Flammleistungen zwischen 225 und 275 W und Vorschubgeschwindigkeiten von 7 bis 10 mm/s erzielt.

8.2.3 Einfluß der Anstellwinkel von Flamme und Lötdrahtzuführung

Untersucht wurden hier der Anstellwinkel der Flamme in Arbeitsrichtung β_F und in Abhängigkeit davon der Relativwinkel zwischen Flamme und Lotzuführung φ_{F-L}. In den einzelnen Diagrammen in Bild 8.9 ist der Suchparameter Vorschubgeschwindigkeit radial aufgetragen und die Anstellung der Mikroflamme durch ein entsprechendes Symbol gekennzeichnet.

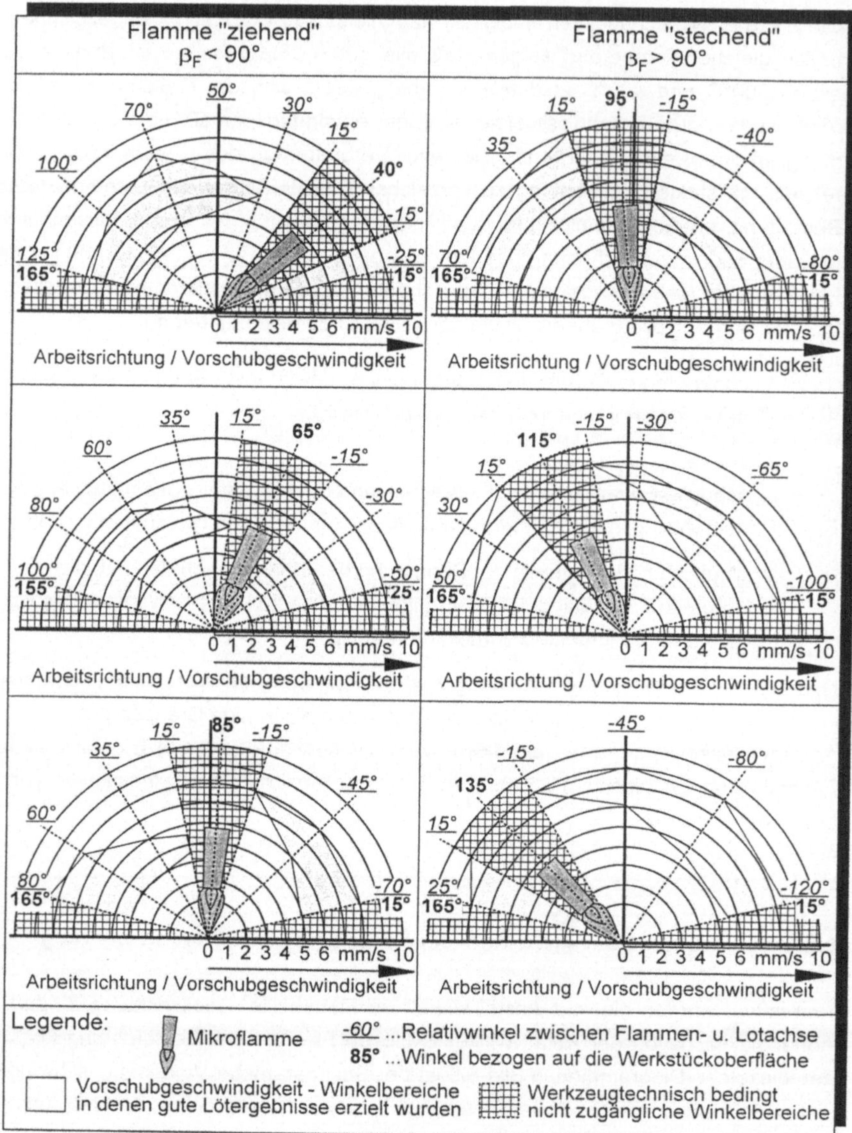

<u>Bild 8.9:</u> Einfluß des Anstellwinkels von Mikroflamme und Lotzuführung auf das Lötergebnis

In den untersuchten Winkelbereichen sind die Vorschubgeschwindigkeitsbereiche, in denen gute Ergebnisse erzielt werden konnten, dunkel dargestellt.

Die Festparameter bei dieser Versuchsreihe sind:

- ❏ Material: Stahlblech,verzinnt, 0,75 mm dick
- ❏ Gasdruck: 80 mbar
- ❏ Brennerdüsendurchmesser: 0,7 mm
- ❏ Brennerdüsenabstand a_F: 2,6 mm
- ❏ Arbeitspunktabstand x_{AP}:   0 mm
- ❏ Nahtdrehwinkel ρ_B: 90°
- ❏ Anstellwinkel senkrecht zur AR: 45°

Zunächst wird ersichtlich, daß bei stechender Mikroflammanordnung durchweg höhere Vorschubgeschwindigkeiten erreicht werden können. Dies entspricht den Ergebnissen aus der experimentellen Temperaturaufnahme, die in diesem Bereich höhere erreichbare Temperaturen aufweist. Ergänzend kommt hinzu, daß durch die in Vorschubrichtung abgelenkte Flamme ein Sauerstoffmangel erst bei höherer Geschwindigkeit als bei senkrechter Flammenanstellung auftritt.

Bei "ziehender" Flamme ($\beta_F < 90°$) und kleinem positivem Relativwinkel $\varphi_{F\text{-}L}$, sowie bei "stechender" Flamme ($\beta_F > 90°$) und kleinem negativem Relativwinkel $\varphi_{F\text{-}L}$, zeigt sich eine deutliche Verkleinerung des Bereiches mit guten Lötergebnissen. Dies ist vor allem darauf zurückzuführen, daß das Lot durch die Nähe zur Flamme bereits frühzeitig aufgeschmolzen wird und auf das Blech abtropft. Dies hat zur Folge, daß das im Lötdraht enthaltene Flußmittel nicht definiert in die Lötnaht gefördert und rechtzeitig aktiviert wird, wodurch die Benetzung des Bleches durch das Lot nicht ausreichend stattfindet.

Ein großer Vorschubgeschwindigkeitsbereich bei gleichzeitig hoher Temperatur ergibt sich bei "stechender" Flamme im Winkelbereich von 115° bei kleinem positiven Relativwinkel $\varphi_{F\text{-}L}$, sodaß sich diese Einstellung als diejenige erweist, bei der die höchsten Vorschubgeschwindigkeiten erreicht werden, wobei der Geschwindigkeitsbereich, in dem gute Ergebnisse erzielt werden können, relativ groß ist. Dies ergibt eine relative Unempfindlichkeit gegenüber Geschwindigkeitsabweichungen und bietet so die größte Prozeßsicherheit.

8.2.4   Einfluß der Lötnahtlage auf das Lötergebnis

Die Lötnahtlage wird bestimmt durch den Nahtneigungswinkel v_B und den Nahtdrehwinkel ρ_B. Die Untersuchung des Einflusses dieser beiden Winkel erfolgte bei den ansonsten gleichen Festparametern wie bei der Untersuchung der Anstellwinkel.

☐ Nahtneigungswinkel

Der Nahtneigungswinkel nimmt aufgrund der Schwerkraft starken Einfluß auf das Lötergebnis, da das aufgeschmolzene Lot bei wachsendem Nahtneigungswinkel verstärkt in der Lötnaht nach unten abfließt bis es schließlich erstarrt. Dadurch bildet sich ein mehr oder weniger stark gewellter Lotnahtverlauf aus, bis hin zur Klumpenbildung auf der einen und Nahtfehlstellen auf der anderen Seite. Bei optimiertem Anstellwinkel von Flamme und Lotzuführung lassen sich bis zu einem Winkel von ca. 55° noch gute Ergebnisse erzielen. Auch hier hat sich die "stechende" Anordnung der Flamme mit kleinem positiven Relativwinkel φ_{F-L} als optimal erwiesen, wobei in steigender Richtung gelötet wird. Gleichzeitig ist es wichtig, bei möglichst hoher Vorschubgeschwindigkeit zu löten, um die Maximaltemperatur in der Lötnaht möglichst niedrig über dem Schmelzpunkt des Lotes zu halten. Dies bewirkt ein schnelles Erstarren und somit ein verringertes Abfließen des Lotes hinter der Flamme.

☐ Nahtdrehwinkel

Der Nahtdrehwinkel wurde in dem Bereich von 45° bis 135° untersucht. Bei minimalem konstantem Lötspalt über die gesamte Länge des Versuchsbleches ergaben sich hier keine wesentlichen Einflüsse auf das Lötergebnis. Lediglich bei erhöhten Lötspaltbreiten hat sich der Nahtdrehwinkel von 45° als vorteilhafter erwiesen, da hier das unter der Lötnaht liegende Grundblech das Lot teilweise am Abfließen hindert.

8.4   Folgerungen aus den Versuchen

Das entwickelte Verfahren zum Bahnlöten mit Mikroflamme unter Verwendung von Weichlot ist sehr gut zur Lösung dieser Aufgabenstellung geeignet. Bei richtiger Bestimmung der Prozeßparameter und unter Beachtung der Randbedingungen können an den untersuchten Gehäusen qualitativ hochwertige Lötnähte mit guter Konstanz automatisiert erzeugt werden. Vorschubgeschwindigkeiten bis 12 mm/s sind dabei erreichbar. Gegenüber dem manuellen Löten kann hier mit höherer Geschwindigkeit, besserer Konstanz und niedrigerem Lotverbrauch gelötet werden.

Die Auswertung der Versuche zeigt eine eindeutige Übereinstimmung der theoretisch und experimentell ermittelten Ergebnissen. Gute Lötergebnisse sind nur innerhalb eines begrenzten Löttemperaturbereiches zu erzielen, der durch die Wahl und Abstimmung von Flammdüsendurchmesser, Gasdruck und Vorschubgeschwindigkeit bestimmt wird. Die richtige Abstimmung dieser Größen ist die Hauptvoraussetzung für gute Lötergebnisse, die jedoch durch die richtige Wahl der Anstellwinkel und Abstände von Flammdüse und Lotzuführung in bezug auf das Werkstück ergänzt werden muß.

Eine willkürliche Erhöhung der Vorschubschwindigkeit durch Erhöhung der Flammleistung ist nicht möglich, da der Lötprozeß durch weitere, vom Prozeß selbst abhängige Randbedingungen, die das Lötergebnis beeinflussen, begrenzt wird.

Mit von entscheidender Bedeutung für das Lötergebnis ist auch die Lage der Lötnaht im Bezugssystem. Vor allem der Nahtneigungswinkel ist hier zu beachten. Als für den Bahnlötprozeß optimal hat sich die "Wannenlage" (Nahtdrehwinkel 90°) bei horizontaler Ausrichtung der Lötnaht (Nahtneigungswinkel 0°) erwiesen, die durch die konzipierte Aufspannvorrichtung für alle Lötnähte am Gehäuse gewährleistet werden kann.

Ein spezielles Anwendungsgebiet der Weichlöttechnik ist das Verlöten von Blechteilen zu Gehäusen zum Einsatz in der Hochfrequenztechnik. Hierbei besteht die Hauptanforderung darin, die Blechteile hochfrequenzdicht, d. h. mit lückenlosen Lötnähten, zu verbinden. Die manuelle Herstellung dieser Lötnähte bringt neben einer erheblichen gesundheitlichen Belastung der Werker auch Qualitätsprobleme mit sich. Diese Tatsachen sowie steigende Stückzahlen bei erhöhter Produktvarianz machen es notwendig, ein flexibel automatisiertes Verfahren zur Herstellung dieser Lötnähte zu entwickeln und die Voraussetzungen für eine schnelle Optimierung des Prozesses für den jeweiligen Einsatzfall zu schaffen.

In der vorliegenden Arbeit wurden die wesentlichen automatisierungsrelevanten Gesichtspunkte beim Verlöten von Gehäuseblechen für die Hochfrequenztechnik und vorhandene Entwicklungsdefizite aufgezeigt. Die Lötaufgabe wurde einer genauen Analyse unterzogen und die Anforderungen an das Gesamtsystem und die Teilsysteme daraus abgeleitet. Aufbauend darauf wurde ein Verfahren zur kontinuierlich fortlaufenden Erstellung von Lötnähten konzeptioniert. Das Verfahren basiert auf einem Mikroflamm-Lötwerkzeug mit automatischer Zuführung von Lotdraht mit Flußmittelseele, das von einem Industrieroboter entlang der zu verlotenden Naht geführt wird.

Zur Bestimmung der Haupteinflußparameter Flammenleistung und Vorschubgeschwindigkeit, die die erreichbare Löttemperatur und somit das Lötergebnis bestimmen, wurde eine vereinfachte theoretische Betrachtung der Wärmeübertragungs- und Wärmeleitvorgänge zwischen Mikroflamme und Blech und im Blech durchgeführt. Diese ermöglichen einen Einblick in die komplexen Zusammenhänge und eine grobe Abschätzung der Haupteinflußparameter für einen speziellen Einsatzfall.

Zur Gestaltung eines prototypischen Werkzeugs zur Durchführung von Lötversuchen wurden entsprechende Funktionseinheiten ausgewählt und zu einem flexibel einsetzbaren Lötwerkzeug integriert, das über einen Werkzeugwechselflansch an den ausgewählten Industrieroboter angeschlossen werden kann.

Mit Hilfe des Versuchswerkzeuges wurden Untersuchungen zum Erwärmungsverhalten der Bleche angestellt und die theoretisch ermittelten Erkenntnisse untermauert und erweitert. In zahlreichen Versuchsreihen wurde die hervorragende Eignung des

Verfahrens nachgewiesen und die komplexen Einflüsse der Randbedingungen des Lötprozesses beleuchtet. Bei entsprechender Parameterwahl wurden mit hoher Zuverlässigkeit qualitativ hochwertige Lötnähte erzeugt.

Die so erarbeiteten prozeßtechnischen Grundlagen und die aufgezeigte Systematik zur Festlegung und Optimierung der Prozeßparameter zum Bahnlöten mit Mikroflamme ermöglichen es, die richtigen Parametereinstellungen für eine bestimmte Lötaufgabe in kurzer Zeit zu bestimmen.

Die experimentelle Verifizierung der theoretischen Untersuchungen wurden innerhalb dieser Arbeit beispielhaft für Stahlblech durchgeführt. Für andere Materialien gelten zwar prinzipiell die gleichen Gesetzmäßigkeiten, diese sollten aufgrund der starken Vereinfachungen und Idealisierungen, in weiteren Untersuchungen jedoch experimentell untermauert werden. Auch eine Rechnersimulation mit Hilfe der Finite-Elemente-Methode würde hier vermutlich zusätzliche Erkenntnisse bringen und zur Präzisierung der theoretischen Parameterbestimmung beitragen.

Zusätzliche Prozeßsicherheit könnte durch eine konkrete Regelung der Temperatur in der Lötnaht erreicht werden. Bei ausreichend exakter und zuverlässiger Erfassung der Temperatur im aktuellen Lötpunkt könnte dann eine kontinuierliche Anpassung der Übertragungsleistung zum Beispiel durch Veränderung der Verfahrgeschwindigkeit oder des Düsenabstandes zur Nahtwurzel erfolgen.

Eine Temperaturregelung durch Messung der aktuellen Werkstücktemperatur im momentanen Lötpunkt und Regelung der Verfahrgeschwindigkeit der Mikroflamme ist derzeit nicht sinnvoll realisierbar. Der Grund hierfür ist hauptsächlich in der Sensorik zur Temperaturerfaßung in der Lötnaht zu sehen Die zur berührungslosen Temperaturmessung verfügbaren Sensoren und Verfahren sind nur bedingt für die Lösung dieser Aufgabenstellung geeignet, da wechselnde Werkstückoberflächen und andere Störeinflüsse wie Lötrauch und Flammgase die Meßergebnisse beeinflussen können. Hier ist demnach ein gewisser Entwicklungsbedarf für künftige Betrachtungen gegeben, um die Grundlage für die Implementierung einer Temperaturregelung in der Lötnaht zu schaffen.

10   Literaturverzeichnis

/1/   Warnecke, H.-J.:   Revolution der Unternehmenskultur:
Das Fraktale Unternehmen. 2. Aufl. Berlin;
Heidelberg; New York: Springer, 1993

/2/   Pfeifer, T.;   Wettbewerbsfaktor Produktionstechnik
Eversheim, W.;   Düsseldorf: VDI-Verlag, 1993
König, W.;
Weck, M.;

/3/   Schweizer, M.:   Über allen Erwartungen.
In: Roboter+Automation 14 (1996) Nr 2, S. 12...14

/4/   Schraft, R. D.:   Voruntersuchung für ein europäisches Koopera-
tionsprojekt über flexibel automatisierte
Montagesysteme (FAMOS).
Bundesministerium für Forschung und Technologie
(BMFT), Kennzeichen FT 0020 3, 1987

/5/   Herzog, M. u.a.:   Schwerpunkte künftiger Technologieentwicklungen.
Abschlußbericht. Stuttgart: Ministerium für
Wirtschaft, Mittelstand und Technologie Baden
Württemberg, August 1987

/6/   Abele, E. u.a.:   Studie zur Untersuchung der Einsatzmöglichkeiten
von flexibel automatisierten Montagesystemen in
der industriellen Produktion (Montagestudie).
Düsseldorf: VDI-Verlag, 1984

/7/   Gesetz: Gesetz über die elektronische Verträglichkeit von
Geräten (EMVG)
Bundesgesetzblatt, Jahrgang 1992, Teil 1

/8/   Gzik, H.:   Verfahrensinstrumentarium zur Werkstückauswahl
und Auslegung von Industrieroboterschweiß-
systemen
Berlin u. a.: Springer, 1987
Zugl. Universität Stuttgart, Diss.,1987

/9/   Fischer, G. E.:   Montage von Schrauben mit Industrierobotern
Berlin u.a.: Springer, 1990
Zugl. Universität Stuttgart, Diss.,1990

/10/   Schneider, W. D.:   Nieten mit Industrierobotern
In: Handbuch Handhabungs-,Montage- und
Industrierobotertechnik Teil 3,
20. Nachlieferung 4/1993
Landsberg/Lech: verlag moderne industrie, 1993

/11/   Würtz, G.:   Montage von Pressverbindungen mit
Industrierobotern
Berlin u. a.:Springer, 1992
Zugl. Universität Stuttgart, Diss., 1992

/12/   Wößner, J.;   High-Tech-Werkzeug für das Druckfügen
Wagner, T.:   In: Automobil-Produktion, Oktober 1992

/13/   Wolf, E.:   Bestücken von Leiterplatten mit Industrierobotern
Berlin u.a.: Springer, 1988
Zugl. Universität Stuttgart, Diss.,1987

/14/   Warnecke, H.-J.;   Handbuch Handhabungs-, Montage- und
Schraft, R.D. u.a.:   Industrierobotertechnik, Band 3
Landsberg/Lech: verlag moderne industrie, 1993

/15/   Spingler, J.;   Weichlöten mit Industrieroboter
Gaul M.:   In: Productronic 10 (1993), S. 20 - 26

/16/   Wallenstein, G.:   Anamnestische, klinische, funktionsdiagnostische,
                                  immunologische und arbeitshygienische Unter-
                                  suchungen zum Gesundheitszust. von Lötrauch-
                                  exponierten unter besonderer Berücksichtigung
                                  des Atemtrakts
                                  Berlin, Akad. für Ärztl. Fortbildung d. DDR,
                                  Diss. B, 1985

/17/   Norm: DIN 8505, Mai 1979
                                  Löten; Allgemeines und Begriffe

/18/   Norm·   DIN 8580, Juli 1985
                                  Fertigungsverfahren

/19/   Richtlinie: VDI/VDE-Richtlinien 2251, Blatt 3, 1971
                                  Düsseldorf: VDI-Verlag

/20/   Wuich W.:   Löten kurz und bündig
                                  Würzburg: Vogel-Verlag, 1972

/21/   Wuich W.:   Kleben Löten Schweißen
                                  Konstanz: Leuchtturm-Verlag, 1977

/22/   Linde, R. v.   Das Löten
                                  Berlin; Göttingen; Heidelberg:
                                  Springer-Verlag, 1954

/23/   Norm: DIN EN 29453, Feb. 1994
                                  Weichlote

/24/   Norm: DIN 1912 Teil 4, Mai 1981
                                  Zeichnerische Darstellung Schweißen, Löten;
                                  Begriffe und Benennungen für Lötstöße und
                                  Lötnähte

/25/ Norm: DIN 8511 Teil 2, Mai 1988
Flußmittel zum Löten metallischer Werkstoffe

/26/ Norm: DIN 8514 Teil 1, Juli 1978
Lötbarkeit; Begriffe

/27/ Norm: DIN 8515 Teil 1, Juni 1979
Fehler an Lötverbindungen aus metallischen
Werkstoffen

/28/ Norm: DIN EN 24063, Sept. 1992
Schweißen, Hartlöten, Weichlöten und Fugenlöten
von Metallen

/29/ Richtlinie: VDI-Richtlinie 2860, Blatt 1.
Handhabungsfunktionen, Handhabungseinrich-
tungen, Begriffe, Definitionen, Symbole.
Berlin; Köln: Beuth-Verlag, 1982

/30/ Schraft, R.D.: Systematisches Auswählen und Konzipieren von
programmierbaren Handhabungsgeräten.
Mainz: Krauskopf, 1976.
Zugl. Stuttgart, Universität, Diss., 1976

/31/ Lenz, E.: Automatisiertes Löten elektronischer Baugruppen
Berlin; München: Siemens AG, 1985

/32/ Klein Wassink, R.J.: Weichlöten in der Elektronik
Saulgau/Württ.: Eugen G. Leuze Verlag, 1991

/33/ Deutscher Verband für Weichlöten in Forschung und Praxis 1989
Schweißtechnik (Hrsg.): DVS-Berichte; Bd. 122
Düsseldorf: DVS-Verlag GmbH, 1989

/34/ Schweizer, M.; Die heiße Hand des Roboters
     Spingler, J.; In: Roboter, Oktober 1994 und
     Gaul, M.:   Roboter-Markt, Dezember 1994

/35/ Beyrich, K.; Automatisches Löten von Konservendosen aus
     Böttger, H.-Chr.: Weißblech auf Hochleistungsanlagen
                        In: ZIS-Mitteilungen (1973), Nr. 4, S.391-403

/36/ Schutzrecht: P 15 52 996.1-24 (U13342) (1969-12-04
                   USM Corp.
                   Pr. V. St. v. Amerika, 5133259 1965-12-13

/37/ Beckert, M.; Grundlagen der Schweißtechnik, Löten
     Neumann A.:   Berlin: VEB Verlag Technik

/38/ Deutscher Verband für Verbindungstechnik in der Elektronik
     Schweißtechnik (Hrsg.): DVS-Berichte; Bd. 102
                        Düsseldorf: DVS-Verlag GmbH, 1986

/39/ Manko, H. H.: How to choose the right soft solder alloy
                    In: Product Engineering, March 6, 1961

/40/ Manko, H. H.: How to choose the right solder flux
                    In: Product Engineering, June 13, 1960

/41/ Buneß, G.: Beitrag zur Verfahrensentwicklung für das
                 Schweißen und Löten von Kleinteilen mit
                 Laserstrahlen, Licht und Miniaturgasflamme
                 Karl-Marx-Stadt, Techn. Hochsch., Diss., 1971

/42/ Gaul, M.: Einführung in die Problematik des Laserlötens an
                elektronischen Bauelementen und Konzeption
                eines flexiblen Laserlötsystems
                Stuttgart, Universität, Diplomarbeit, 1988

- 111 -

/43/ Radaj, D.: Wärmewirkung des Schweißens
Temperaturfeld, Eigenspannungen, Verzug
Berlin: Springer, 1988

/44/ Rykalin, N.N.: Berechnung der Wärmevorgänge beim Schweißen
Berlin: VEB Verlag Technik, 1957

/45/ Uelze, A.: Untersuchungen zur Wärmeverteilung und Ver-
zugsentstehung in Feinblechen beim SG-Schweis-
sen auf wärmeabsorbierender Schweißunterlage
Dresden: Techn. Universität, Diss., 1972

/46/ Matthes, K.-J.: Technologische Grundlagen zur Automatisierung
des Schweißprozeßes und deren Anwendung beim
Mittelaktivgas-Schweißen
Karl-Marx-Stadt, Techn. Hochsch.. Diss.,1985

/47/ Jung, A.: Technologische Gestaltbildung,
Herstellung von Geometrie-, Stoff- und Zustands-
eigenschaften feinwerktechnischer Bauteile
Berlin, u. a.: Springer Verlag, 1991

/48/ Beitz,W.; Dubbel, Taschenbuch für den Maschinenbau
Küttner, K.-H.' Berlin, u. a.: Springer Verlag,1981,
14. Auflage

/49/ Schraft, R. D.: Automatisierung in Montage und
Handhabungstechnik.
Vorlesungsumdruck
Stuttgart, Universität, 1995

/50/ Zwicky, F.: Entdecken, Erfinden, Forschen im
morphologischen Weltbild.
München, Zürich: Droemer, 1971

/51/ Leicht, T.: Automatische Reparatur elektronischer
Baugruppen
Berlin u.a.: Springer, 1995
Zugl. Universität Stuttgart, Diss., 1995

/52/ Hügel, H.: Strahlwerkzeug Laser: eine Einführung
Stuttgart: Teubner, 1992

/53/ Nichau, G.: Untersuchungen zum Erwärmungsverhalten von
Feinblechen aus Kupfer und Stahl bei der Anwen-
dung von unterschiedlichen Erwärmungsverfahren
Konstanz: Fachhochschule für Technik,
Diplomarbeit, 1991

/54/ Hummel, R.E.: Optische Eigenschaften von Metallen und
Legierungen
Berlin: Springer, 1971

/55/ Kuchling, H.: Taschenbuch der Physik
Thun, Frankfurt/Main: Verlag Harri Deutsch

/56/ Kögel,L.: Wärmen mit der Autogenflamme. Betrachtungen
zum Wärmeübergang und Bewertungskriterien für
Brenngas-Sauerstoff-Flammen
In: Linde Berichte aus Technik und Wissenschaft,
1980, Heft 48, S. 36-42

/57/ Buhr, E.; Konvektiver Wärmeübergang bei Verbrennung in
Haupt, R.; der Grenzschicht; Forschungsberichte des Landes
Kremer, H.: Nordrhein-Westfalen, Nr. 2544
Opladen: Westdeutscher Verlag GmbH, 1976

/58/ Dubbel, H.: Taschenbuch für den Maschinenbau
17. Auflage,
Berlin u.a.: Springer, 1990

/59/ Hütte: Die Grundlage der Ingenieurwissenschaften
                             29. Auflage
                             Berlin u. a.: Springer, 1989

/60/ Livschitz, B. G.:   Physikalische Eigenschaften der Metalle und
                             Legierungen
                             Moskau: Verlag Metallurgija

/61/ Kubaschewski, O.;   Metallurgische Thermochemie
      Evans, E. LL.:   Berlin: VEB Verlag Technik, 1959

/62/ Baehr, H. D.;   Wärme und Stoffübertragung
      Stephan, K.:   Berlin: Springer, 1994

/63/ Meyer, G.;   Technische Thermodynamik, 4. Auflage
      Schiffner, E.:   Weinheim: VCH Verlagsgesellschaft

/64/ Hahne, E.:   Technische Thermodynamik, 1. Auflage
                             München: Addison-Wesley, 1991

/65/ Bonfig, K. W.:   Technische Durchflußmeßung
                             Essen: Vulkan Verlag, 1977

/66/ Haschke, J.:   Analyse der Zusammenhänge zwischen Tempera-
                             turfeld, temperatur- und umwandlungsbedingter
                             Volumenänderung beim Lichtbogenschweißen
                             Aachen: Techn. Hochschule, Diss., 1972

/67/ Morich, F. W.:   Beitrag zur Wärmeführung beim Schweißen mit
                             mechanisierten Lichtbogenverfahren
                             Aachen: Techn. Hochschule, Diss., 1969

/68/ Bronstein, I. N.;   Taschenbuch der Mathematik
      Semendjajew, K. A.:   Thun, Frankfurt/Main: Verlag Harri Deutsch, 1981

Lebenslauf

Persönliches: Manfred Gaul

                    geboren am: 26.07.1960 in Lauda

                    Familienstand: ledig

                    Eltern: Hermann Gaul

                                        Ida Gaul, geb. Kraft

Schulbildung: 1967 - 1971   Grundschule in Lauda

                    1971 - 1977   Realschule in Lauda

                    1977 - 1980   Technisches Gymnasium in Bad Mergentheim

                    Abschluß: Fachgebundene Hochschulreife

Wehrdienst: 1980 - 1981   Grundwehrdienst, Funker

                                        Baltasar-Neumann-Kaserne, Veitshöchheim

Studium: 1981 - 1988   Universität Stuttgart,

                                        Studiengang Maschinenwesen

                                        Hauptfächer: Fabrikbetriebslehre

                                                         Feinwerktechnik

                    Abschluß   Diplom

Praktika: 1981 - 1988   bei den Firmen:

                                        Gießerei Faber, Tauberbischofsheim

                                        Metallwerke Fuchs, Meinerzhagen

                                        Daimler Benz, Stuttgart-Untertürkheim

Berufstätigkeit: seit 1988   Wissenschaftlicher Mitarbeiter am

                                        Fraunhofer-Institut für Produktionstechnik

                                        und Automatisierung (IPA), Stuttgart